炼金术

黏土手办制作教程

沾沾 编著

人民邮电出版社

北京

图书在版编目（CIP）数据

黏土炼金术 : 黏土手办制作教程 / 沾沾编著. --
北京 : 人民邮电出版社，2020.6（2023.3重印）
ISBN 978-7-115-53612-9

Ⅰ．①黏… Ⅱ．①沾… Ⅲ．①粘土－手工艺品－制作
－教材 Ⅳ．①TS973.5

中国版本图书馆CIP数据核字(2020)第045815号

内 容 提 要

本书是一本讲解萌系黏土手办制作的教程。

全书共 4 章。第 1 章是奇妙的黏土手办王国，主要介绍黏土手办制作的材料、工具和基础技法；第 2 章到第 4 章分别讲解了 Q 版黏土手办制作，Q 版黏土手办的进阶制作和等比例黏土手办制作。全书讲解详细，图解步骤清晰，案例精美，并且每个案例均配有教学视频，帮助读者更好地理解黏土手办制作技法。扫描书中二维码即可观看视频。

本书是一本适合手工爱好者、黏土手办制作爱好者的趣味图书。

◆ 编 著 沾 沾
　 责任编辑 王雅倩
　 责任印制 陈 犇

◆ 人民邮电出版社出版发行　　北京市丰台区成寿寺路 11 号
　 邮编 100164　电子邮件 315@ptpress.com.cn
　 网址 https://www.ptpress.com.cn
　 固安县铭成印刷有限公司印刷

◆ 开本：700×1000　1/16
　 印张：10.75　　　　　　　2020 年 6 月第 1 版
　 字数：298 千字　　　　　 2023 年 3 月河北第 5 次印刷

定价：69.80 元

读者服务热线：(010)81055296　印装质量热线：(010)81055316
反盗版热线：(010)81055315
广告经营许可证：京东市监广登字20170147号

前言 ☆☆

　　本书收录了从简单的 Q 版 2 头身人偶到等比例人偶共计 8 个制作教程。从萌新到入门，再到"大触"，每个阶段都有可以学习的内容。本书在选择角色的时候考虑到了实用性，尽可能地将大家在制作中常用的衣服款式囊括其中。因此从书中你可以学到制服、和服等多种服装样式。正如书名所述，学习完本书，就像掌握了黏土炼金术一般！

　　本书制作过程格外艰辛，不仅拍摄了图片教程，还拍摄了配套的视频教程，详细实用。希望大家能够按部就班地制作，慢慢进阶。

　　感谢本书让埋头玩土的我有机会与大家分享学习心得，希望通过本书，大家能够了解黏土，爱上黏土。坚持创作，相信你们总有一天会变成"大触"的！

——沾沾

正在进入

目录 ⭐⭐

第 1 章
奇妙的黏土手办王国

进入奇妙的黏土手办王国，认识黏土工具。
一步一步，创作出属于自己的小天地。

1.1 什么是超轻黏土

☆ 超轻黏土的特征

超轻黏土是纸黏土的一种，其质地较软，可塑性强，只需自然风干即可定型。超轻黏土自带的轻微膨胀感使作品看起来更可爱，是一种易于入门，老少咸宜的手工材料。市面上的超轻黏土品牌众多，价格高低不等，可以根据自己的需要选择适合的超轻黏土。

☆ 超轻黏土的保存要点

超轻黏土需要避光、避水、防尘保存，正常情况下可保存 8 ~ 10 年。

1.2 制作黏土手办所需装备

☆ 黏土常用的工具及介绍

1. 剪刀 用于裁剪出特定形状。

2. 擀面杖 用于将黏土擀成厚度适中的片状。

3. 长刀片 用于切出较长的黏土细条。

4. 压痕刀 辅助制作，刻画一些比较自然的线条。

5. 棒针 常用于调整衣服褶皱。

6. 细节针 用于刻画细节。

7. 笔刀 用于切割细小物体或者小巧黏土形状。

8. 面相笔 用于刻画人物面部细节。

☆ 其他辅助工具介绍

1. 弯头剪 用于裁剪出特定形状。

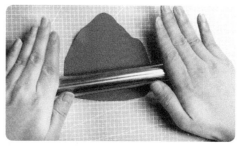

2. 抹刀 用于将细节修平整，或者让接缝处衔接均匀。

3. 丸棒 用于压切口衔接处，掏洞、压出弧面等。

1.3 黏土使用的基础技法

揉： 通过将不同颜色的黏土均匀地揉在一起来进行调色，其调色原理与颜料调色原理类似。

擀： 通过擀面杖，将黏土擀成厚薄适中的黏土片，便于制作衣服。

剪： 用剪刀剪出需要的特定形状。

切： 用长刀片或笔刀裁切出需要的形状。

1.4 沾沾的私房经验大揭秘

✩1.为什么有的人物立不起来?

制作黏土人物的时候,需要在腿中插入铝丝或铁丝,使人物能够站立。同时铁丝也可以作为桩,通过在底座打孔,让桩和底座连接的方式将人物固定在底座上。

✩2.擀好的黏土片太黏怎么办?

擀完一片较黏的黏土片时,可以将黏土片晾一会儿,再进行下一步处理,以防黏土片太黏,粘在手办身上。

✩3.该怎么抹平连接部分的黏土缝隙呢?

可以用酒精棉反复擦拭连接处的黏土,直到缝隙不明显为止,也可以用抹平水等辅助。但是以上方法比较适用于浅色黏土,在深色黏土上使用会出现轻微褪色现象。

✩4.用面相笔画面相时,不好着色怎么办?

用面相笔蘸取丙烯颜料画面相的时候,可以稍微多加点水,把丙烯颜料调得稀一些,多次薄涂效果更好。

✩5.黏土干了还能用吗?

市面上大部分黏土在稍微有些干的时候,加水或凡士林揉匀,可以使黏土恢复原状。当然在保存和制作过程中,要注意将黏土密封保存,避免黏土变干。

✩6.怎么混合出想要的颜色?

黏土混色原理与颜料混色原理差不多,可以参考颜料的混色方式来混色。混色的时候注意往浅色黏土里一点点混入深色黏土,慢慢调出想要的颜色。

✩7.保存时需要注意什么?

制作过程中注意保持手部干燥,黏土遇水会变黏、褪色。同时做好防尘工作,不要让灰尘和衣物纤维粘到黏土上,使黏土变脏。

✩8.制作黏土手办有什么必杀技?

进步的最佳方式就是坚持,只有坚持一个个地制作,才能有所成长。黏土手办制作过程中需要细心和耐心,只要愿意花时间,一定可以做好!

1.5 黏土手办的比例结构

从头顶到下巴的距离称为一头，头身比例是用头的长度来衡量全身长度的一个重要标尺。

☆ Q版角色的头身比例

Q版角色一般有 2 头身和 3 头身，这样的头身比例使人物看起来更可爱。

2 头身　　　　3 头身

☆ 等比例角色的头身比例

一般动漫中的等比例成年女性是 6 头身或 7 头身，偶尔有御姐角色需要用 8 头身或 9 头身来表达。动漫中的等比例成年男性一般是 8 头身或 9 头身。

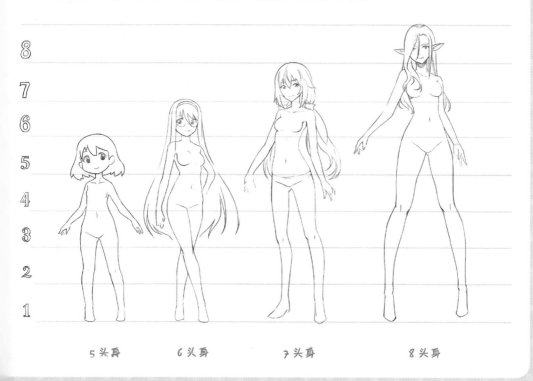

5 头身　　　　6 头身　　　　7 头身　　　　8 头身

1.6 脸型制作方法

☆Q版脸的制作

 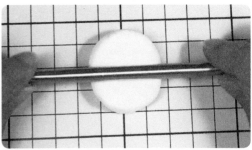

01 取一块肉色黏土，搓圆压扁。用工具在眼窝位置稍微压一下，上下滚动，做出眼眶大致范围。

 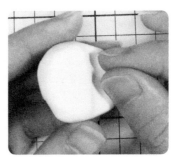 

02 在眼窝靠下的位置，从两侧各自往里轻轻推一下，推出鼻尖。用两手揪一下鼻尖，让鼻尖更明显一些。用丸棒在眼窝的位置压几下，使眼窝更明显。

正视图　　　　　　　　　　　侧视图

03 在脸部下面推两下，推出图中所示的上宽下窄的脸型，持续调整。因为黏土易膨胀，要多操作一段时间以避免膨胀。注意观察正面与侧面的完成图。

☆ 等比例脸的制作

 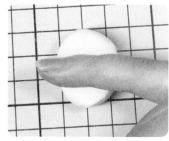

01 取一块肉色黏土，搓圆压扁。在脸中间靠下的地方用手指压一下，压出眼窝的痕迹。

 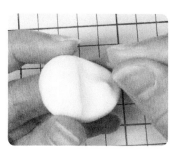

02 把高起的额头部分轻轻压一下，把额头的弧度压得更自然，压一下嘴巴部分，压出下巴弧度并推高鼻子。

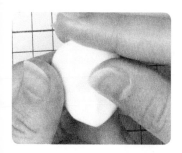  

03 从眼窝的部分向鼻子捏拢，捏出鼻尖，在鼻尖的下方压一下，把刚才嘴巴部位捏起的部分压平一些。用丸棒把眼窝再压几下，压深一点点。把下巴往外揪一点，揪出下巴的形状。

04 注意观察正面与侧面的完成图。

正视图　　　　　　　　　侧视图

☆ 翻模脸的制作

`01` 取一个脸模，取肉色黏土将一端搓尖。

`02` 将尖的那部分塞入脸模鼻子部分，将黏土按进脸模。

`03` 将多余的黏土捏到一侧集中起来，捏着多余的黏土快速将脸拔出来。

`04` 拔出来的脸部如图所示，将多余的黏土部分剪掉。

`05` 翻模脸完成。

第 2 章
萌即正义·Q版黏土手办制作

如何制作出萌萌的黏土手办呢？
最重要的当然是抓住"萌"的特点。
在这一章，
让我们一起去学习Q萌的黏土手办制作吧！

2.1 豆豆眼驯鹿套装

2头身的Q版角色简单又可爱，
本案例重点教授包子脸的制作，以及Q版连体服的制作。
学会以后可以触类旁通，制作其他心仪的角色。

2 头身角色的重点是，头和身体的比例为 1:1，制作的时候注意尽量把人物的头做得大一些。

黏土配色

制作脸部

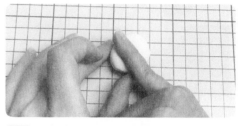

01 取一块肉色黏土，先搓圆，然后轻轻压扁。

02 用手指在脸部中间偏下的位置稍微压凹一些，做出眼窝的位置。

03 沿着眼窝的弧度，把额头稍微压扁一点，做好从眼窝到额头的过渡。

04 将脑袋两侧稍微压平一些，调整两侧脸颊弧度。

正视图   侧视图

05 把下巴稍微压短压平一些，包子脸的下巴一般都是平的，再调整一下整张脸的轮廓。

06 包子脸制作完成。

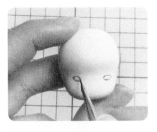
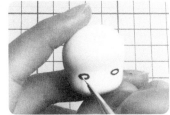

07 用黑色丙烯颜料画出眼眶，在眼眶中间填上白色丙烯颜料作为眼白。

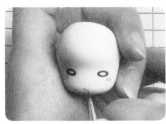

08 画上两颊粉红色的椭圆腮红，用黑色丙烯颜料勾上嘴。

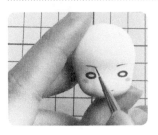

09 画上眉毛，脸部就完成了！

制作头发和帽子

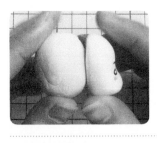
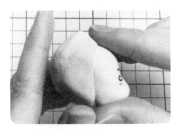

10 取一块淡蓝色黏土填补到后脑勺的位置，压在一起，压出后脑勺的形状。

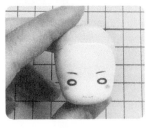
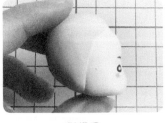

正视图　　　　　　　　侧视图

11 注意观察正视图与侧视图。

12 取少许肉色黏土，捏成耳朵的形状，粘到头部两侧，用丸棒压出耳蜗。

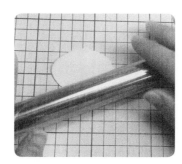

13 取一块淡蓝色黏土，擀平。依据上厚下薄的思路，将发片剪3刀，分成3部分。

14 每一片用剪刀剪出自然的发丝效果，再把剪好的发片放到蛋形辅助器上，顺着发丝压出纹理。

15 发片制作完成后，将发片贴到后脑勺上，贴拢后再用手去挤压以调整形状。

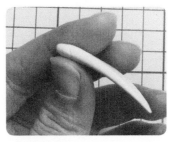

16 用抹刀工具整理发丝。取一片同色黏土压出上厚下薄的形状，侧面如图所示。

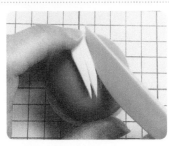

17 剪出发丝，放在蛋形辅助器上，压出发丝痕迹。

18 把发片贴到脑袋两侧，这是两边的鬓发。

19 制作一片发片，贴在后脑勺上。把多余的黏土剪掉，调整好形状。

20 贴上前额的发片，剪掉多余的黏土。

21 修整一下发丝，贴上中间的刘海。

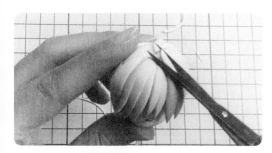 

22 剪去头顶多余的黏土。因为需要给手办戴上帽子，所以可以先不做后边的头发。

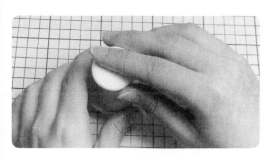 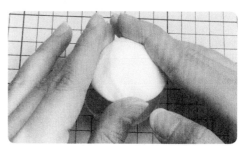

23 取一块白色黏土，放到蛋形辅助器上，压出凹片。

 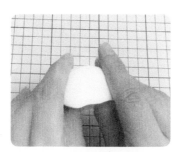 

24 取下压出的凹片，再用手指扩大凹片，完成后的效果如图所示。

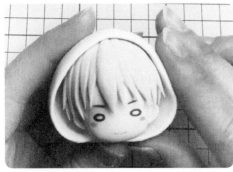

25 把边缘修剪平整。把脑袋放进去。根据头部轮廓用双手轻轻挤成兜帽的形状。

26 把多余的帽子部分捏到脑袋下面，聚拢。

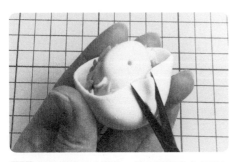

27 把多余的黏土剪掉，帽子就制作完成了！

28 用黑色丙烯颜料画出眼睛，用粉色丙烯颜料画出腮红。

29 用红色黏土搓个圆球作鼻子，粘在帽子上，驯鹿脸完成了！

 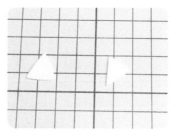 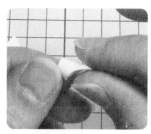

30 取一块白色黏土和一块淡黄色黏土，分别擀成薄片。然后叠在一起，再擀几下，得到一片双面双色的黏土片。

31 将黏土片剪成两片如图所示的三角形。

32 将每一片都对折一下，不要对折出折痕，只要两个角黏在一起就好。

33 把折好的黏土粘到耳朵的位置，用丸棒压出耳蜗，驯鹿耳朵就制作完成了。

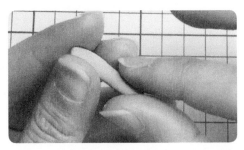 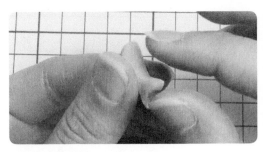

34 取少许橙色黏土，搓成长条，从靠近下面的地方揪起一坨，做出一个角。

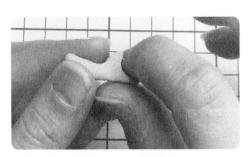 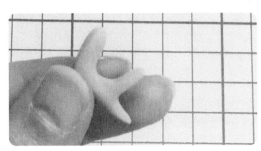

35 调整好角的形状，并弯曲长条的上半部分，弯出鹿角的形状。

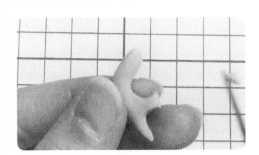 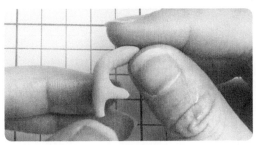

36 把鹿角过长的部分剪掉一些，鹿角完成。

37 用同样的方法做出另一只鹿角，把鹿角粘到帽子上，驯鹿头部制作完成了。

制作身体

 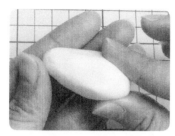

38 取一块白色黏土，搓出如图所示的椭圆形，侧面也是这样的椭圆形。

 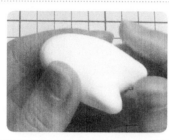

39 用拇指从饱满的一端按压，分出两条腿的形状。

 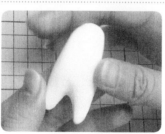

40 从侧面捏出圆润的肚子和臀部，同时也保持腿部上粗下细的形状，正面如图所示。

 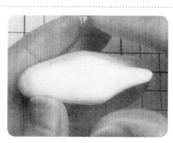

41 压一下裆部的黏土，调整侧面形状。

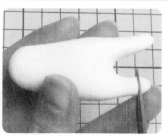 

42 把腿部过长的部分剪掉，边缘捏平。

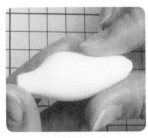
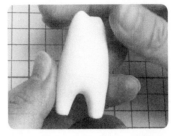

43 翻到侧面，臀部上面稍微压凹一点点，压出腰，正面如图所示。

44 把过长的身体剪掉。

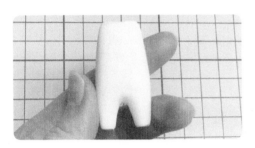

正视图　　　　　　　　　　　　　侧视图

45 注意观察正视图与侧视图。

46 在脖子的地方压一个洞。

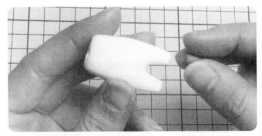

47 取一块棕色黏土，搓长，从中间切开，分成两等份。

48 把棕色黏土搓成长圆柱体，一端捏平。

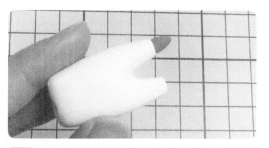 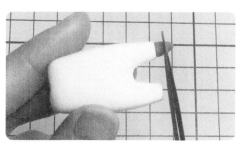

49 把棕色黏土粘到脚上，将过长的黏土剪掉。

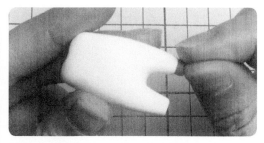 

50 将脚底捏平，脚的制作就完成了。

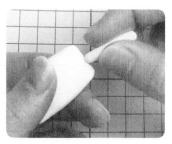 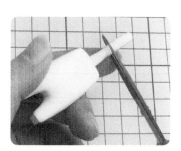 

51 取肉色黏土，搓成柱状，置入之前给脖子预留的洞里，把脖子过长的部分剪掉，脖子的制作就完成了。

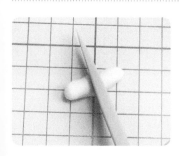  

52 取白色黏土，搓成长条，切成两等份。分别搓成上细下粗的柱状，在较细的那端斜着剪一刀。

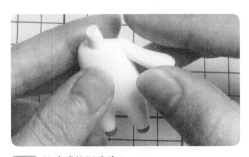 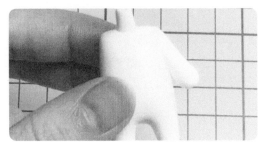

53 把胳膊粘到身体上。

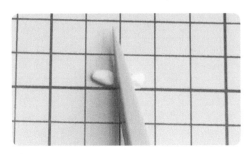 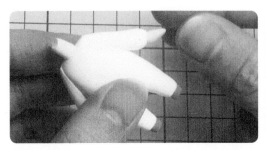

54 取一块肉色黏土，切成两等份，把其中一块搓长并粘到胳膊上。

 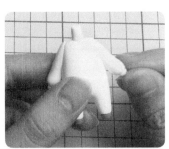 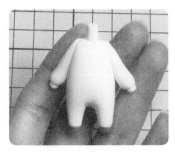

55 把过长的部分剪掉，把手的另一端捏平。用同样的方法制作另一只手。胳膊和手就制作完成了。

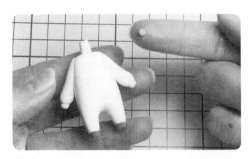 

56 取少许橙色黏土搓成小圆片，粘在身上作扣子，身体就制作完成了。

连接

57 在脖子里插根细铁丝，把铁丝另一头戳进脑袋里，再用502胶水粘好，完成连接。

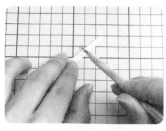  

58 用白色黏土搓一根细长条，然后用七本针在上边戳出纹理。没有七本针，也可以直接用细针类工具代替。完成后，黏土条呈现出毛茸茸的效果。把黏土条围在脖子上，当作围巾。

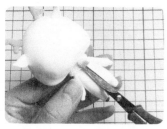  

59 从后面把多余的黏土剪掉，在领口处粘上红色的蝴蝶结。用金色黏土搓成碗状作铃铛，将铃铛粘在蝴蝶结上。

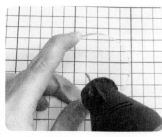  

60 在亚克力板上打出两个孔，在脚底插进两根透明亚克力细棒，也可以用粗一点的铁丝代替。把人物脚底的亚克力棒插进亚克力板上的孔里，固定住人物，也可以用502胶水进行加固，制作就完成了！

2.2 和服萝莉

和服萝莉是可爱的3头身Q版角色，
通过本案例，可以学会和服和基础短发的制作。
自己可以在和服上画点花纹增加趣味！

制作要点

保持白色黏土的整洁。裁切每一片黏土都保证其切缝干净利落，黏土太黏的话可以稍微晾干一下再做，这样就能拥有干净可爱的和服萝莉了！

黏土配色

制作脸部

01 取一块肉色黏土，搓圆压扁。在脸中间靠下的地方用手指压一下，压出眼窝的位置。

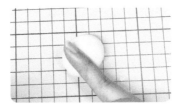

02 把高起的额头部分轻轻压一下，使额头的弧度显得更自然。压一下嘴巴部分，捏出下巴弧度并推高鼻子。

03 从眼窝的部分向鼻子捏拢，捏出鼻尖，在鼻尖的下方压一下，把刚才捏起的嘴巴的部位压平一些，用丸棒把眼窝再压几下，压深一点点。

正视图

侧视图

04 推一下两颊，调整脸型，注意观察正视图与侧视图。

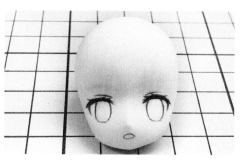

05　用铅笔画出脸部线稿，用黑色丙烯颜料勾出轮廓。

06　用深蓝色丙烯颜料画出眼球的暗部，用蓝色丙烯颜料画出眼球剩余的部分。

07　用黑色丙烯颜料画出瞳孔，用浅蓝色丙烯颜料画出瞳孔高光色。用蓝色丙烯颜料画上眉毛，用浅灰色丙烯颜料画出眼白阴影，用白色丙烯颜料画出眼白。

08　用白色丙烯颜料给眼睛点上高光，用粉色丙烯颜料画上嘴、腮红和眼影。

制作头发

  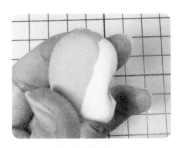

正视图　　　　　　　　　　　側视图

09 取一块天蓝色黏土粘到后脑勺上，按头部轮廓调整一下。注意观察正视图与側视图。

 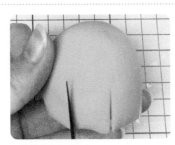 

10 取一块天蓝色黏土，搓出图中的形状，用剪刀在下面剪出4部分，把每一片都剪出细发丝。

  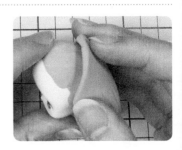

完成图

11 沿着发丝压出痕迹，完成后把这一整片贴到后脑勺上，调整发尾到合适的长度。

12 用同样的方法再做一片发片，把发片包在后脑勺上。

 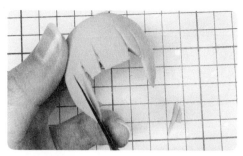

13 取一块天蓝色黏土，擀平后放到蛋形辅助器上，压出弧度后剪出一个镂空的方形，剪出刘海的分组。

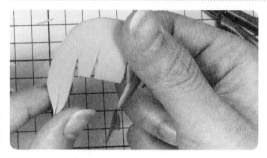 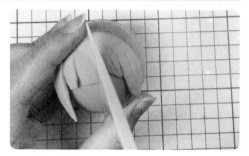

14 剪出刘海的细节，把侧面鬓发发尾的地方稍微弯一下，在刘海上压出发丝痕迹，前发片的制作就完成了。

15 把前发片贴在额头处，头发就制作完成了。

16 剪两根紫色细黏土条，交叉贴在刘海上，再用樱花打孔器在粉色黏土片上打出一片樱花。没有打孔器的话可以用粉色黏土制作。

17 把樱花片贴在头发上，用紫色丙烯颜料画上花纹，头发的装饰就制作完成了。

制作腿部

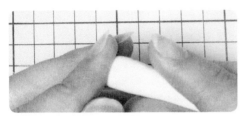

18 取一块白色黏土，搓成上粗下细的长条，并把上面粗的那部分捏平。把中间靠上的部分轻轻弯一下，捏出膝盖弯。

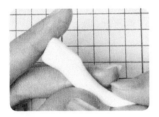

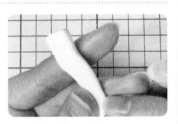

19 把小腿搓长、搓细，把过长的部分剪掉。把部分下方揪出一点点，并捏平，做出脚的形状。

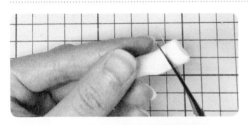

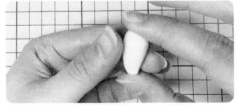

20 把过长的大腿部分剪掉，袜子就完成了。取一块肉色黏土，搓成上粗下细的柱状，把下面稍细的那端压平。

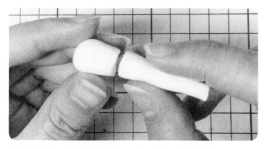
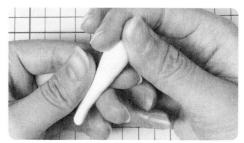

21 把大腿和袜子连上，将大腿内侧斜着压平。

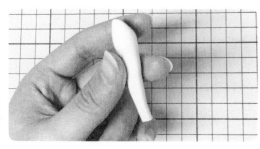
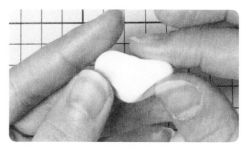

22 压完后，整条腿如图所示。用同样的方法制作另一条腿。再取一块白色黏土，捏出三角形的内裤形状。

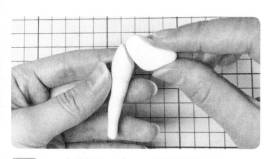
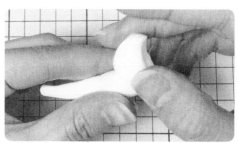

23 把一条腿粘到内裤上，把接缝缝隙抹平。

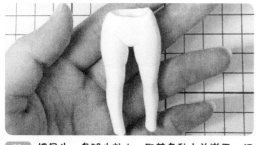
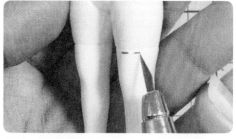

24 把另外一条腿也粘上。取蓝色黏土并擀平，切成细条状，再把细条切成一小节一小节的，把每一小节黏土按照虚线形状粘到袜子边缘。

25 把用黏土细条做的小蝴蝶结粘到袜子上，腿部就制作完成了！

制作躯干及和服

 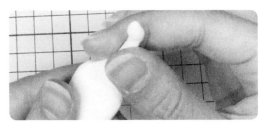

26 取一块肉色黏土，搓成长方体，在一端揪出脖子的形状。把脖子搓细，压出肩膀的形状。

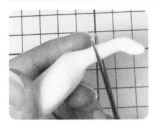 

27 把脖子过长的部分剪掉，身体拉长，将两边侧面捏平一些。

 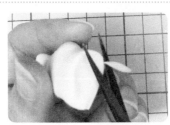

28 侧面形状如图所示，用剪刀把底部修平整。

正视图　　　　　　　侧视图

29 注意观察正视图与侧视图。

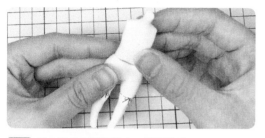
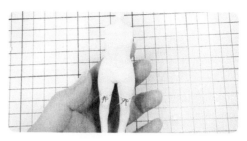

30 把上半身和腿部接上，抹平缝隙。

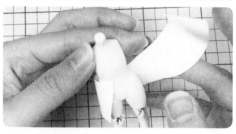

31 取白色黏土，擀成片并切成带有弧度的长方形。把带有弧度的长方形白色黏土片在下半身围一圈，注意前襟位置在身前右侧。

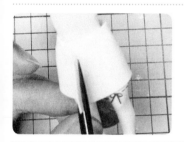
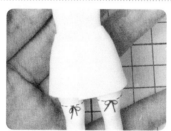

32 把过长的黏土片剪掉。

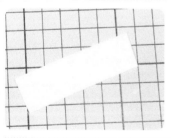
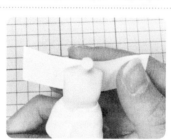

33 切一片长方形白色黏土片，把黏土片在上半身围一圈。

34 切出左襟和右襟，把肩部多余的黏土剪掉，并将肩上的黏土捏拢，在腰部刻出一点褶皱。

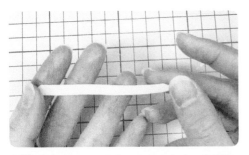

35 剪一条细长黏土条，从躯干右前方开始围一圈。

36 把过长的部分剪掉，做出下摆的形状。

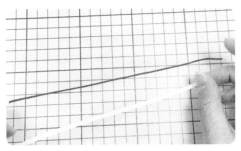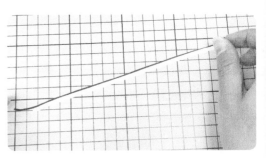

37 切一条白色长条，以及一条蓝色黏土丝。把白色长条和蓝色黏土丝拼在一起，白色长条在外侧，稍微盖住一点点蓝色长条。

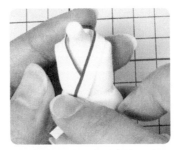

38 把长条沿着领口贴一圈。贴到前襟的部分，到腰部为止，把多余的部分剪掉。

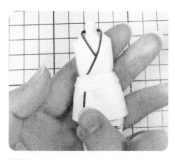
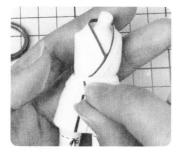

39 将多余的黏土长条贴在裙子部分和衣服下摆部分作为装饰。

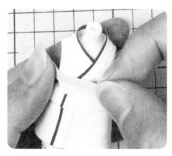
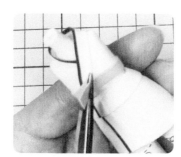
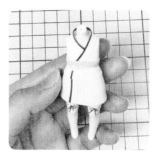

40 装饰贴完后，切出一条天蓝色长条，绕着腰部靠上的部分围一圈。在蓝色长条首尾相接处斜剪。

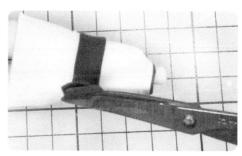

41 切一片深蓝色黏土长条，贴在腰上围一圈，从背后把多余的黏土剪掉。

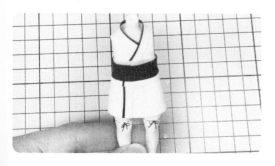

42 和服就制作完成了！

制作袖子及手臂

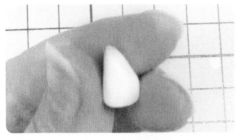 

43 取一块白色黏土，搓成圆柱体，在一端斜着剪一刀。剪出衣袖和衣服的连接处，把袖子粘到衣服上。

44 袖子制作完成后，取一块肉色黏土，搓出两个圆柱体，分别粘到袖子上。

 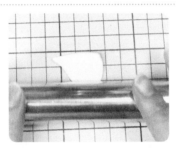 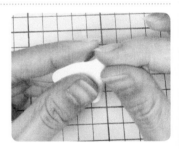

45 取一块白色黏土，搓出上细下粗的形状，再稍稍捏扁。用擀面杖把稍宽的那端再擀得宽一些，把细的那一端袖口捏平。

 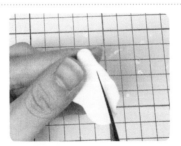 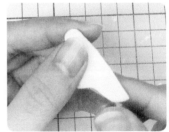

46 用丸棒把宽的那一端袖口压出凹槽，并斜着剪一刀，剪出自然的袖子形状。再把袖子下摆往下拉一下，做出袖子自然下垂的样子。

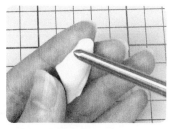

47 在袖子下摆上压几下，压出褶皱的痕迹，再在臂弯处压几下，压出褶皱的痕迹。

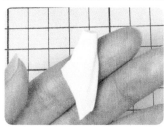

48 取块蓝色黏土，搓成圆形，用丸棒压出凹陷。

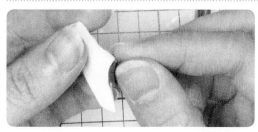

49 把蓝色黏土填进之前压的袖子凹槽里，再用丸棒把这两部分压牢。

50 用剪刀把袖口多余的蓝色黏土修剪整齐，把下半截袖子粘到胳膊上。用同样方法制作另一侧袖子。

51 剪白色黏土长条，在下半截袖子与胳膊连接处粘一圈。把下半截袖子的上袖口挑空一些，不要整圈都粘在胳膊上。切蓝色黏土细条，在两截袖子上都围上一圈。用同样的方法修饰另一侧袖子。

52 取一块肉色黏土，压扁，剪出手掌形状。在剪出4根手指的形状。把每一根手指搓长，修剪到合适的长度。

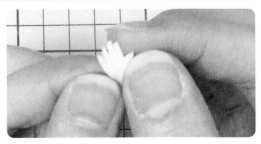

53 取块肉色黏土，搓出大拇指形状，黏在手掌上，手部就制作完成了！

54 把手腕部分多余的黏土剪掉，把手粘到袖子上。用同样的方法制作另一侧的手部，和服袖子与手部就制作完成了！

制作配饰

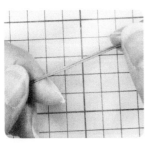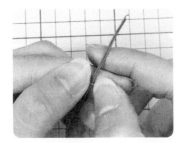

55 切两条紫色黏土细长条，把两条长条并排黏在一起。剪两条小细条，横着黏在两条并排的黏土条上。

56 把紫色黏土长条粘在腰带上，把背面多余的黏土剪掉，粘好后如图所示。

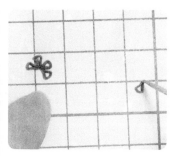  

57 用紫色黏土细条做出 5 片花瓣，一片片粘出花朵形状。

58 剪两条细长条贴在花朵下方。

 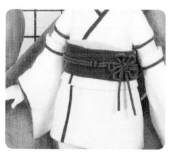

59 把装饰品贴在腰带上，前部装饰就制作完成了。

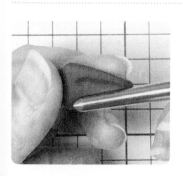 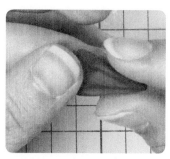

60 取蓝色黏土捏成三角形，在上面压出两道褶皱。把较宽的那头，从侧面向中间稍微捏一下。用同样方法再捏一块三角形黏土。

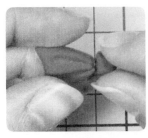
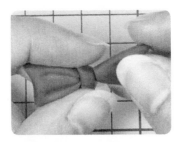

61 把一块三角形黏土和一块小方形黏土贴在一起，再把另一块三角黏土贴上，做成一个蝴蝶结。

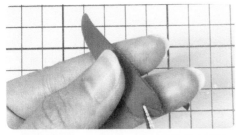

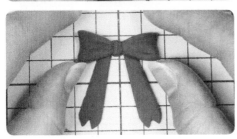
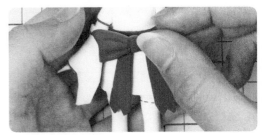

62 取蓝色黏土剪成上细下粗的长条，并在宽的一端剪出三角形。将长条贴在蝴蝶结上，然后把蝴蝶结贴在背后腰带上。

63 在脖子里插上铁丝，把头和脖子拼接在一起。全部制作就完成了！

2.3 幼稚园萝莉

这是可爱的3头身Q版角色，
通过学习制作幼稚园萝莉黏土手办，
可以学会一体连衣裙和基础长发的制作。
这么可爱的幼稚园萝莉不来一起做一个吗！

制作要点

制作前把握好 Q 版 3 头身的人物比例，制作过程中注意保持衣服接缝处的干净整洁，可爱的幼稚园萝莉就成功一半了！

黏土配色

制作脸部

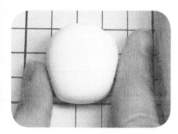

01 取一块肉色黏土搓圆并稍稍压扁。

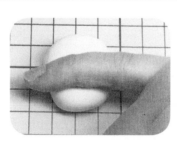

02 用食指将脸颊两侧向里推一些，做出脸部形状。用小指在脸颊中间靠下部分稍稍压一下，压出眼窝形状。把眼窝上边缘压一下，压出额头的形状。

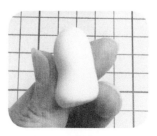

正视图　　　　　　　　　　　侧视图

03 调整眼窝和脸部形状，注意观察包子脸的正视图与侧视图。

04 用铅笔画出脸部线稿,用黑色丙烯颜料勾线。

05 用深棕色画出眼球上的阴影,用棕色涂满眼球剩余的空白。

06 用黑色丙烯颜料画出瞳孔,并用浅棕色在瞳孔靠下的位置画出眼球的反光。用浅灰色涂出上半部分眼白,用白色涂出下半部分眼白,用白色丙烯颜料为眼球画上高光。

07 画出嘴巴,用色粉刷上腮红眼影,脸部制作完成。

制作头发和帽子

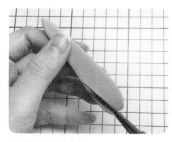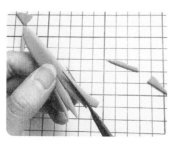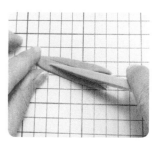

08 取棕色黏土搓成长条压扁，压出上窄下宽的形状。在发梢剪出发丝形状，沿着发丝刻出痕迹。

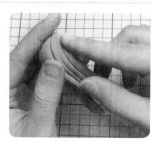

09 把发片贴到后脑勺上，调整好位置，两片发片间的接缝也需调整好。

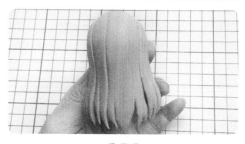

正视图　　　　　　　　　　　　　　　后视图

10 发片贴好后的正视图与后视图展示！

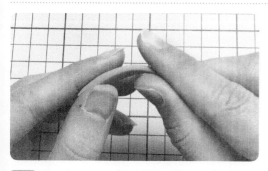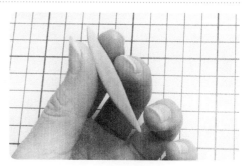

11 取一小块黏土，搓长压扁成长条形，侧面做出这样上粗下细的弧度，正面是中间宽两头窄的形状。

12 将长条贴在两边鬓角处，把过长的部分剪掉，贴完后如图所示。

 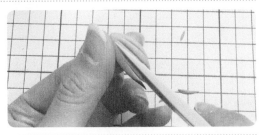

13 取两片黏土分别剪出侧边刘海的形状。压出发丝痕迹，把发片贴到两边刘海处。

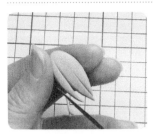  

14 剪一片发片，贴在中间刘海处。调整好刘海位置，头发制作完成。

  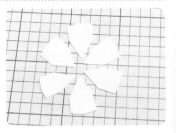

15 取白色黏土，搓出圆形。圆形可以用圆规画出再进行裁剪。将圆形切成6等份。把每片扇形两侧各切一刀，切出6片图中所示的形状。

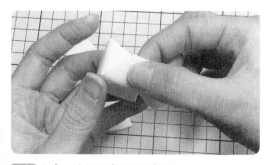 

16 把每一片都沿着边缘拼接起来。

17 贴完后如图所示，然后把底部修剪平整。

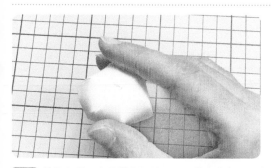 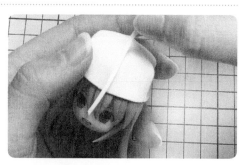

18 剪平之后，当作帽子扣到头上。裁出白色细长条，沿着帽子拼接的缝隙贴一遍。

 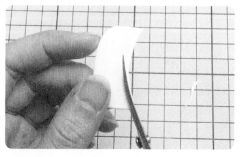

19 用白色细长条绕着帽子底部边缘贴一圈，剪一片白色黏土片，用弯头剪剪出内侧的弧度，剪成帽檐的形状。

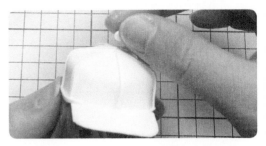

20 把帽檐贴到帽子下端，取一小块白色黏土搓圆，贴到帽顶上，轻轻压扁。头部就制作完成了。

制作腿部

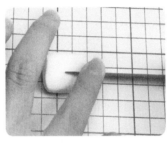
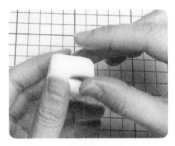

21 取一小块浅灰色黏土，捏成长方体。用刀片将下半部分从中间切开，把切开的部分从中间分开，捏出两条裤腿的形状。

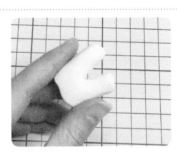
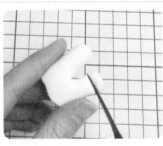

22 把两条裤腿稍微搓细搓长，把中间切开的部分捏平滑，捏完之后把裤腿过长的部分黏土剪掉。

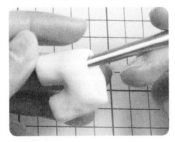
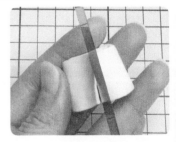

23 扩宽裤管。用棒针从腰部戳进去，将臀部位置稍微外顶，做出臀部形状，用刀背在裆部刻出裤缝的痕迹。

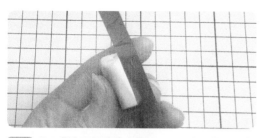
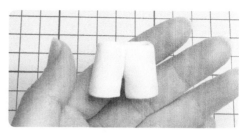

24 用刀背在两侧裤缝位置刻一刀，裤子就制作完成了。

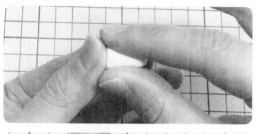

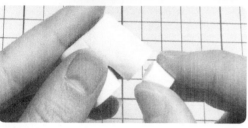

25 取一块肉色黏土搓成柱状，剪成合适的长度，把腿部接到裤腿上。

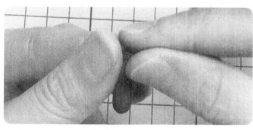
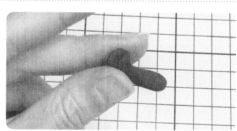

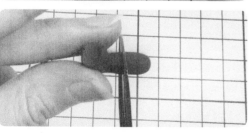
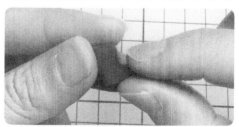

26 取一块黑色黏土，搓出圆柱体。将圆柱体弯一下，弯出鞋子的形状。把鞋子过长的部分剪掉，把鞋底捏平。

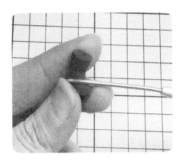

27 把靴口捏平，在脚腕处做出几道褶皱，把靴子和腿连接到一起。用同样的方法制作另一只靴子。

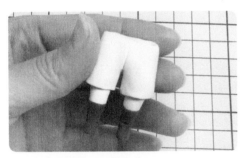

28 做完后如上左图所示。取白色黏土擀成薄片，贴到靴子下作鞋底，把白色黏土片剪出鞋底的形状。

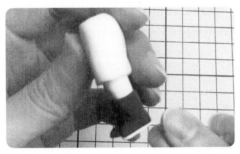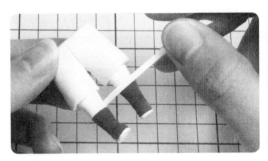

29 将修剪后的边缘捏平、捏整齐，把白色长条黏土沿着靴口处贴一圈。

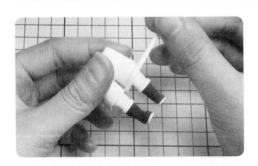

30 取浅灰色黏土切出长条，沿着裤腿边围一圈。

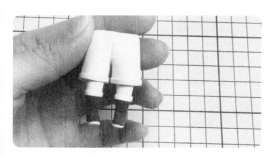

31 腿部就制作完成了。

制作躯干及上衣

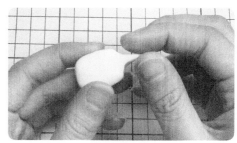

32 取一块肉色黏土，捏成长方体。在一侧揪出脖子的形状，把脖子搓细、搓长。

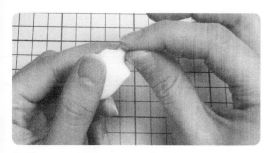
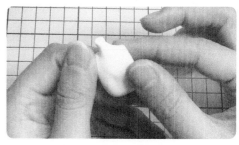

33 把过长的部分剪掉，调整好修剪后的地方，把胸和腰捏出来。

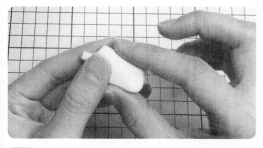
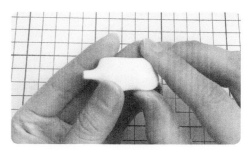

34 将两边稍稍压扁、压出肩膀的形状，把腰捏得稍微细一些。

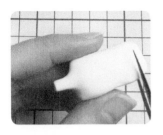 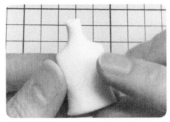

35 把腰部过长的部分剪掉，并把腰的底部捏平。

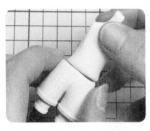 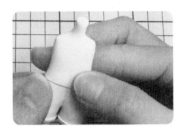 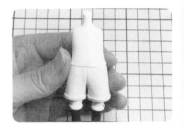

36 把上半身和下半身拼接在一起。

 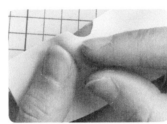

37 取一块淡蓝色黏土，擀平，裁出一片扇形黏土，用刀片在领子的位置切掉一块半圆形。

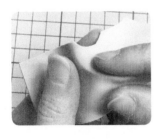 

38 用手指在前襟处捏出一条褶皱，调整好褶皱形状，把黏土片贴在身体上。

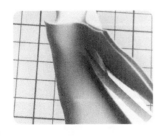 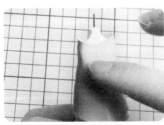

39 用剪刀把多余的黏土片剪掉，抹平接缝处。

 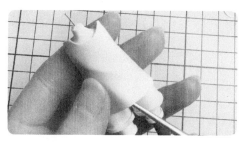

40 把下摆多余的黏土剪掉，在前襟处压一道褶皱出来。

41 完成后如图所示，用同色黏土条沿着下摆处围一圈。

42 用同色黏土条沿着领口处围一圈。

制作袖子与手臂

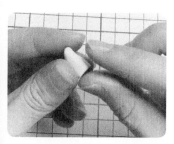 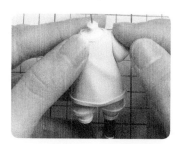 

43 取浅蓝色黏土，搓成圆柱体，一侧剪出三角切面，并将袖口捏平。把袖子粘到身体上，在腋窝处做出一道褶皱。

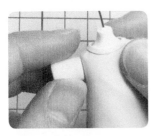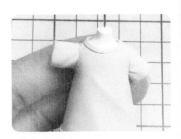

44 另搓一个圆柱体，把圆柱体粘到身体上，再在腋窝处做出褶皱。　45 两个袖子就制作完成了。

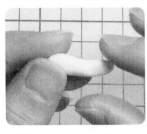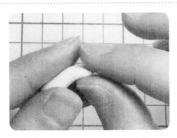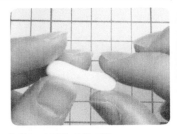

46 取肉色黏土，搓成上粗下细的圆柱体。把细的那一端捏扁，把捏扁的部分捏成手掌形状。

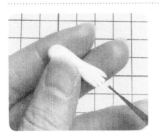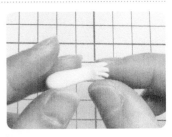

47 在手掌剪出4根手指的形状。把每一根手指搓长，调整每一根手指的形状。

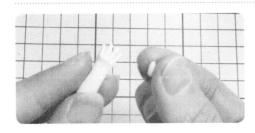

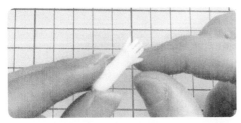

48 揉一块椭圆形黏土。把椭圆形黏土粘到手掌上，将缝隙抹平，捏出大拇指，手就制作完成了。

 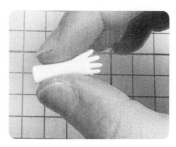 

49 把胳膊剪成合适的长度，手臂完成，把手臂粘到袖子上。

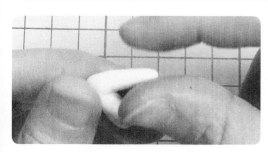 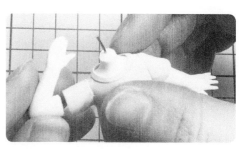

50 取一块肉色黏土，搓成柱状并弯成上左图中的形状。再做一只手，粘到袖子上。

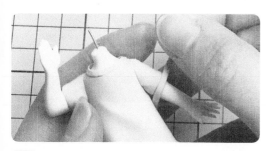 

51 用同色浅蓝色黏土条绕袖口围一圈，上半身就制作完成了。

制作包包与连接

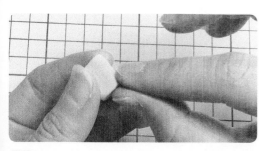 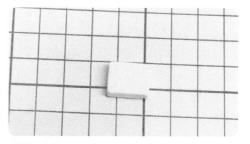

52 取浅黄色黏土，捏成长方体。把长方体的边边角角都捏出棱角，做成包包的形状。

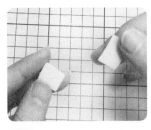 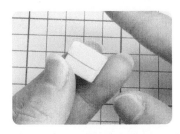 

53　裁一块长方形黏土片，粘在包上做包盖。裁两片小的正方形黏土片，分别在两块正方形黏土片上刻上 "x" 的形状。

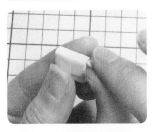 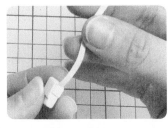 

54　把正方形黏土片粘到包包的两侧，再裁一片浅黄色长黏土条，把黏土条的一端粘在包包一侧的小正方形上。把包包放到幼稚园萝莉的身体一侧。

55　把黏土条绕过肩头，将另一头粘到包包另一侧的小正方形上，包包就完成了！然后在脖子里插一根铁丝，把头部插到铁丝另一头上，与脖子连在一起。可爱的幼稚园萝莉就做好了。

第3章
萌即正义·Q版黏土手办进阶制作

在上一章里，学会了萌萌的Q版黏土手办制作后。
在这一章里让我们一起去学习Q版黏土手办进阶制作吧！

3.1 制服少女与浣熊

这是一款3头身Q版长发萌妹黏土手办和可爱萌宠浣熊。

通过本案例，可以学习制服的制作方法，以及浣熊的制作方法。

可爱的女孩子和小动物最配了！

制作要点

百褶裙是制作重点。同时制作浣熊的时候注意五官对称，每一个零件都要稍微晾干一些再贴上去，这样就不会粘在一起，成品才显得干净可爱！

黏土配色

女孩配色　　　　浣熊配色

制作脸部

 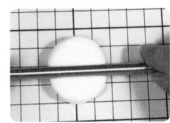

01 取一块肉色黏土，搓圆压扁。在眼窝的位置稍微压一下，上下滚动，确定出眼窝的大致范围。

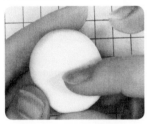  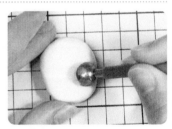

02 在眼窝靠下的位置，从两侧往里轻轻推一下，推出鼻尖。两手揪一下鼻尖，让鼻尖更明显一些。用丸棒在眼窝的位置压几下，使眼窝更明显。

正视图　　　　　　　侧视图

03 用手指在脸部上下各自推一下，推出上宽下窄的脸型，并进行调整。注意观察调整完的正视图与侧视图。

 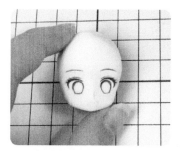 

04 用铅笔在脸上打草稿，用黑棕色丙烯颜料画出眼睛轮廓，用深紫色画出眼球的暗部。

05 用紫色涂满眼球的剩余部分，用黑色画出瞳孔，在瞳孔下面用浅紫色画出一道弯月形状。

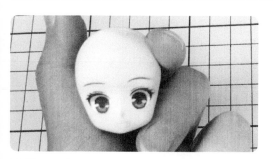 

06 用白色涂出眼白，点上高光。画出嘴巴。

07 用粉色色粉刷出腮红，用棕色色粉画出眼影。

08 粘上耳朵，脸部制作完成。

制作头发

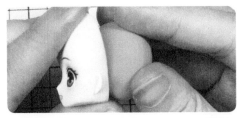 

09 取一块橙色黏土，粘在脸的后面。将黏土稍稍往上推，包住脸部轮廓，修出后脑勺的形状，注意后脑勺是下窄上宽的形状。

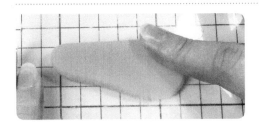 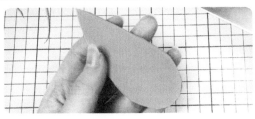

10 取一块橙色黏土，用亚克力板压平，用刀片裁出适合后脑勺大小的形状。

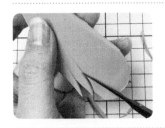 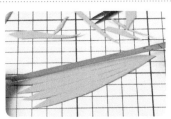

11 用剪刀剪出发尾的分叉形状，用刀片背顺着发尾分叉的形状轻轻压出痕迹。

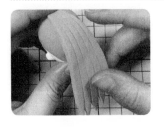 

12 把发尾片贴在后脑勺正中的位置，把发尾调整成内扣的形状。用同样的方法再制作出两片长发片，贴上整个后半部分的长发。

13 取一块橙色黏土并擀平，放在蛋形辅助器上。做出贴合头型的内扣刘海发片，用剪刀剪出刘海分叉的形状。

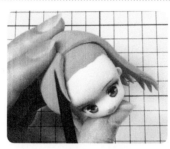

14 将发片贴到侧脸刘海处，把刘海多余的部分剪掉。确保头顶处的发片是尖的，方便后续刘海的拼接。

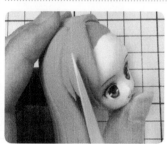

15 顺着刘海发梢的方向轻轻刻出一点纹路，刘海的侧面就制作完成了。用同样的方法制作另一侧的刘海。

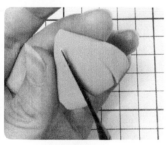
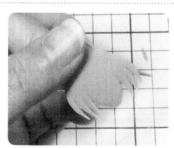

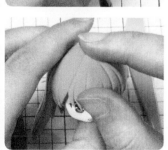

16 取一块橙色黏土，擀成片。剪成三角形后，将刘海分成 3 组并剪开。剪出细刘海，将发片放在蛋形辅助器上，做出贴合额头的自然内扣形状，并顺着发梢轻轻刻出纹路。把中间的刘海片贴上去，调整好形状和接缝。

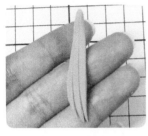

17 取一块橙色黏土，擀平并剪出右图上的发片形状。将发片贴在后面发片的内侧，用同样的方法制作另一侧的内侧发片，头发就制作完成了。

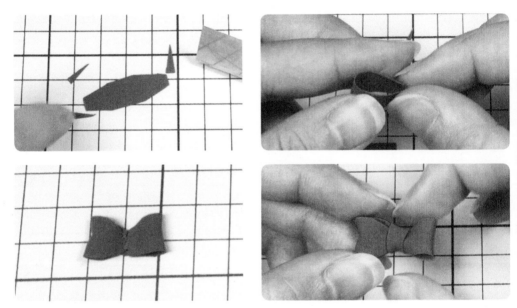

18 取红色黏土擀平，裁出两片大小一样的黏土片。把每片剪掉4个角，然后对折。用同样的方法制作另一片，将两片接缝处贴在一起。剪一片长方形黏土片，用长方形把中间拼接的地方包住。

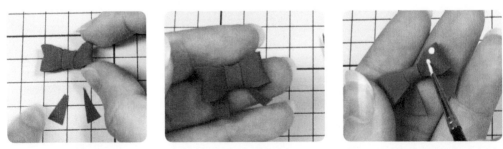

19 剪两片三角形黏土片。将小三角形粘到做好的蝴蝶结上，给小蝴蝶结画上白色小圆点，画好后贴在头发两侧，头发就制作完成了。

制作腿部

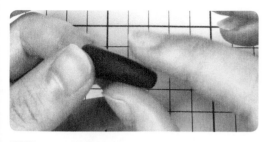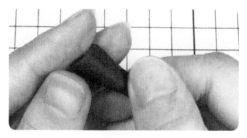

20 取一块黑色黏土搓出上粗下细的圆锥体，在圆锥体中间轻轻压一下，压出膝盖的位置。

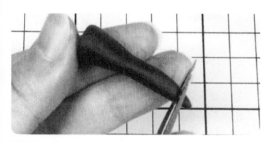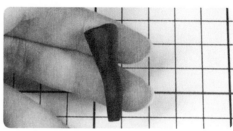

21 用剪刀把过长的部分剪掉。

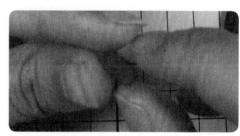

22 取一块棕色黏土，用丸棒在鞋口位置压出凹洞。

23 捏出鞋子形状。

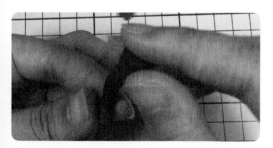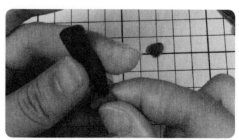

24 将鞋子和腿连接起来。

25 处理好所有接缝。

26　将多余的黏土推到鞋跟处，并剪掉。

27　鞋子完成。

28　取适量肉色黏土，分成两等份。将其中一份搓成上粗下细的水滴形，用拇指按压下方，捏出平面，方便后续大腿和丝袜的连接。

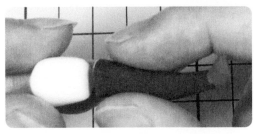

29　将肉色大腿与黑色过膝袜部分连接在一起，再把肉色黏土上部斜着轻轻按压一下，做出连接平面。用同样的方法制作另一条大腿。

30　取适量白色黏土，捏出内裤的形状，用手指轻轻按压连接处，捏出连接平面。将腿部与白色内裤连接起来，调整连接处形状，用剪刀剪掉多余的黏土。再用手抹平缝隙。

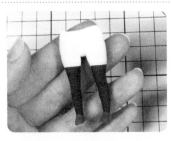

31　将另一条腿也接上，腿部就制作完成了。

制作躯干

 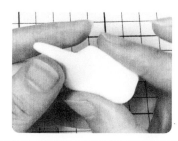

32 取一块肉色黏土，捏出一个扁扁的水滴状，在最尖端慢慢搓出脖子的形状。捏出肩膀的形状。在腰的部分轻轻按一下，捏出腰部形状。

 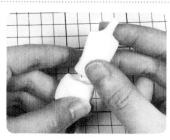 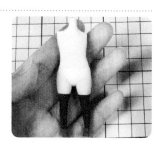

33 把脖子多余的部分剪掉，将上半身和下半身连接在一起。

34 调整一下。

制作百褶裙

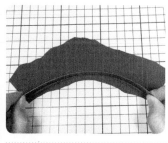 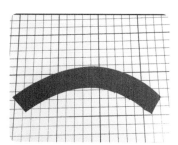

35 取一块蓝黑色黏土，擀出扁形形状，用长刀片切出有弧度的长方形。

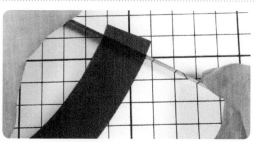 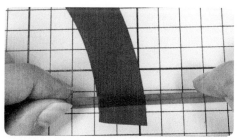

36 从一头开始，用刀片的刀背轻轻按一下，出现一条折痕但不要断。翻到另一面，在刚刚那条压痕距离不远的地方，用刀背轻轻按出另一条折痕。

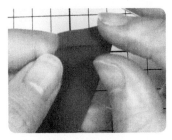  

37 将两条折痕中间的部分折进去，折出一个褶子。将整片长方形黏土片都折出这样的褶子，用剪刀将边缘处修剪得平整一些。

 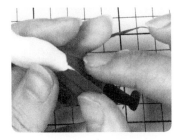 

38 把百褶裙沿着腰部围上一圈，并调整好接缝处，百褶裙就制作完成了。

制作衣服

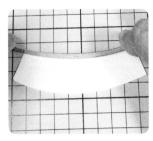 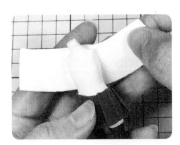 

39 裁一片白色有弧度的长方形黏土片，把白色黏土片围在身体上。将两侧多余的黏土剪掉，用手指轻轻抹平接缝处。

 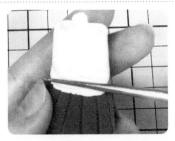 

40 将棒针轻轻按进黏土里一点，再往上轻轻推一下，做出一道褶皱。用同样的方法在腰部压出几道褶皱。把肩部的黏土用手指轻轻抿起，用剪刀将抿出的多余的黏土剪去。

41 用抹刀在衣服中间轻轻压出一道痕迹,做出衬衣的前缝。

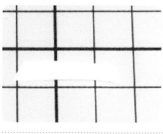

42 剪出白色梯形黏土片,把白色黏土片围着脖子贴上去,做出领的形状。

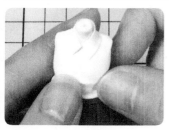
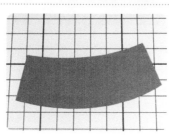
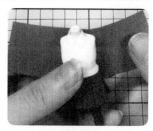

43 贴好领子并调整好。取一块灰色黏土,擀平裁出扇形片状。将扇形片状黏土把身体围起来。

44 将黏土多余的部分剪去,剪去后的效果如图所示。将胸前的黏土斜着剪一刀,剪出领子的弧度。

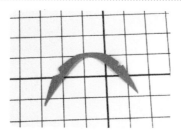

45 在腰部两侧压出两道褶皱。剪出中间图片中的形状,将黏土片围在衣服上做出领子的形状。

46 剪两条短的小长条贴在衣服上作口袋。

制作袖子及手臂

47 取灰色黏土，搓出一条上粗下细的圆柱体。在粗的一端剪出斜面以便于连接。将手臂和身体连接起来。用细节针在腋窝处压两下，压出褶皱，手臂就制作完成了！

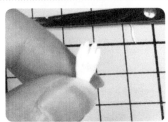

48 取一块肉色黏土，轻轻压扁，用剪刀剪出手指。把4根手指搓细，搓出形，将多余的黏土剪去，修好形状。

49 取一小块黏土，捏成长条作大拇指，粘在手掌上，手就制作完成了。用同样的方法制作另一只手。

50 把手和胳膊连在一起，然后贴上领结，上半身就制作完成了！

制作浣熊

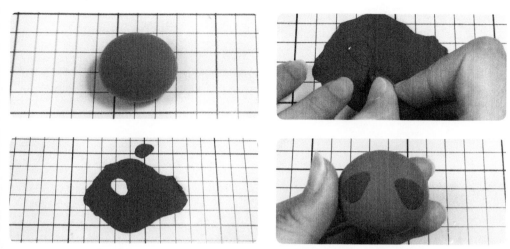

51 接下来制作浣熊吧！首先取一块棕色黏土，搓成一个椭圆形，再稍稍压扁一点点。再取一块深棕色黏土，擀成片状，用笔刀刻出眼眶形状，刻完呈现的是上宽下窄的椭圆形。把眼睛贴在头上。

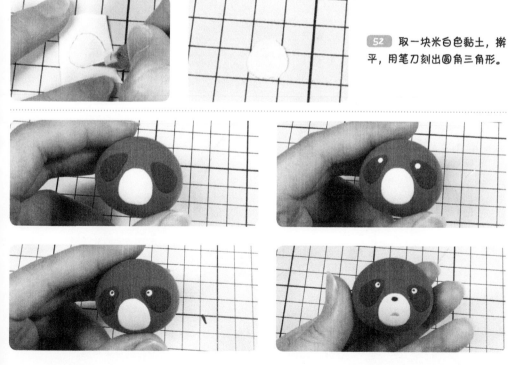

52 取一块米白色黏土，擀平，用笔刀刻出圆角三角形。

53 把三角形黏土贴在头部中下方。取两小块白色黏土，搓圆，按在深棕色眼眶里。用黑色黏土做鼻子，用粉色黏土做嘴巴。取两小块黑色黏土，搓圆，按在白色眼睛里。

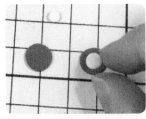  

54 分别取棕色黏土和米白色黏土，搓圆、按扁。把米白色黏土按到棕色黏土上。剪掉圆的四分之一，将四分之三的圆粘到耳朵的位置。

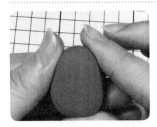 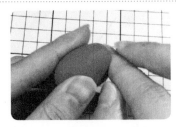 

55 取一块棕色黏土，搓成水滴形，把水滴形黏土的上半部按平。用手指在水滴形黏土下半部分的中间按一下。捏出双腿，并调整形状。

  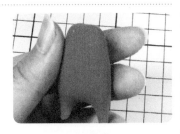

侧视图　　　　　　　　　　　正视图

56 把腿的底部按平，做出脚底。

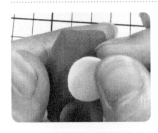  

57 剪一片米白色黏土，贴在肚皮上。取棕色黏土，搓出两头尖的长条，切成两等份作为胳膊，将胳膊分别粘到身体两侧。

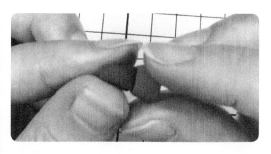

58 取两块深棕色和一块棕色黏土，分别捏成圆台体，并粘在一起。抹平连接处。

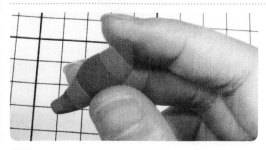

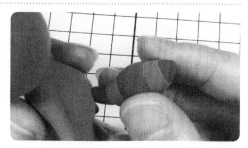

59 按照上面的方法一截一截连在一起，做成图上的样子。在尾巴处涂上502胶水，把尾巴粘上，小浣熊就制作完成了！

3.2 黑暗风正太

这是一款3头身Q版正太黏土手办，
通过本案例，可以学南瓜裤、短发，以及小花边的制作。
快来解锁正太的黏土制作方法吧！

掌握好南瓜裤的比例，就成功了一半。画条纹的时候慢慢画，丙烯颜料调得稀一些，这样才能画出干净整齐的条纹噢！

黏土配色

制作脸部

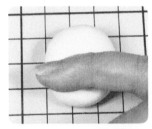

01 取一块肉色黏土搓圆、压扁。在中间靠下的位置用小拇指轻轻按压一下，按出眼窝的位置。用食指和拇指从眼窝处向中间捏出鼻子，在下巴处揿出下巴的形状，使下巴突出。

02 用两个拇指压一下两颌处，做出下颌的形状。再调整一下脸颊的形状，用丸棒加深一下眼窝。

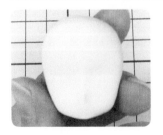

03 Q版脸形就制作完成了，注意观察正视图与侧视图。

正视图   侧视图

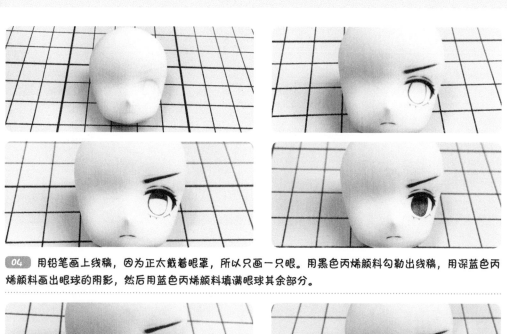

04 用铅笔画上线稿，因为正太戴着眼罩，所以只画一只眼。用黑色丙烯颜料勾勒出线稿，用深蓝色丙烯颜料画出眼球的阴影，然后用蓝色丙烯颜料填满眼球其余部分。

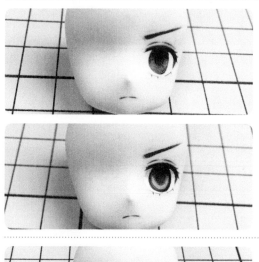

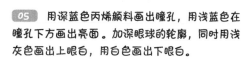

05 用深蓝色丙烯颜料画出瞳孔，用浅蓝色在瞳孔下方画出亮面。加深眼球的轮廓，同时用浅灰色画出上眼白，用白色画出下眼白。

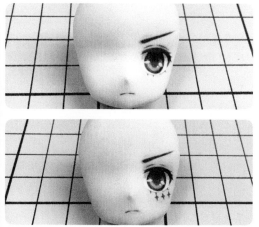

06 用白色丙烯颜料画上高光，用蓝色丙烯颜料画出眼角装饰。用粉色色粉抹上腮红，用棕色画出眼影，脸部就制作完成了！

制作头发及帽子

正视图 　　　　　　　　　　侧视图

07 取一块深蓝色黏土，粘到后脑勺上，注意观察正视图和视面图。

08 剪一片黑色圆角正方形黏土片。将黑色黏土片贴到右眼的位置作为眼罩，用黑色黏土搓成细条。

09 把细条贴到眼罩上，作为眼罩带。另一侧也贴上眼罩带。

10 取一块肉色黏土，搓成半圆形黏土片，贴在耳朵的位置上，调整成耳朵的形状。

11 用丸棒压个耳洞，眼罩及耳朵就完成了。

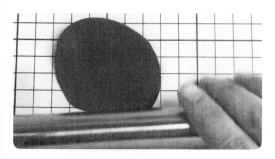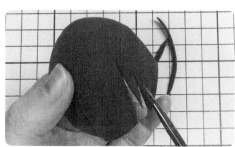

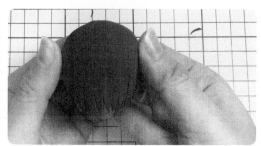

12 取一块深蓝色黏土，擀出上厚下薄的黏土片。厚的地方可以稍微厚一些，因为这里的头发只有一片，厚一点的发片让后脑勺看上去更饱满圆润。在发片较薄的部分剪出发丝的形状，剪完后把发片放在蛋形辅助器上，顺着发尾压出发丝的痕迹。

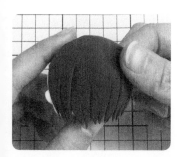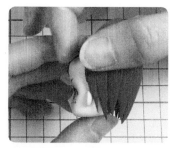

13 把发片贴到后脑勺上，顺着侧面耳朵后方贴。沿着头顶的发片上端，修剪整齐。

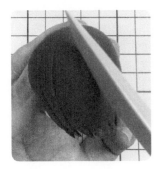

14 把发丝的痕迹延伸到头顶处，错落有致地刻几道即可，增加自然的感觉。完成后如图所示。

完成图

15 取一块同色黏土，剪出鬓发发片。把发片贴在鬓角处，再用同样的方法剪一片鬓发发片贴到右侧鬓角处，然后刻出发丝痕迹。

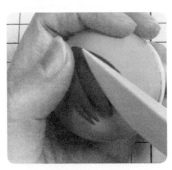

16 剪出一片刘海。将刘海发片放在蛋形辅助器上，刻出发丝痕迹，把刘海发片贴到前额处。

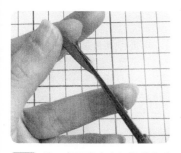

17 剪一条两头尖中间粗的发丝，把发丝贴在刘海空隙的地方。

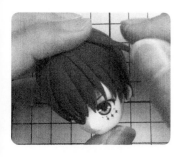

18 刘海贴好后，再剪一条细发丝，贴到鬓发和后面的头发连接的地方，头发就制作完成了！

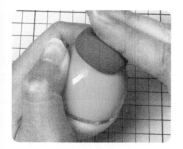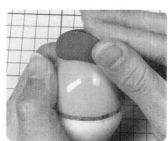

19 取一块蓝色黏土，放在蛋形辅助器上进行按压，压出帽子的凹槽。把帽子边缘按压出图中所示的形状。再把帽子上方的边缘从中间向四周掀出并压尖、压薄，帽子上方的边缘也做出图中所示的造型。

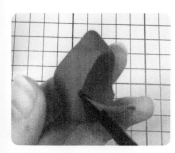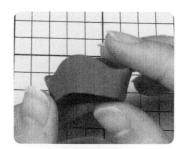

20 把帽子边缘修剪平整，稍作调整，然后把帽子粘到头上。

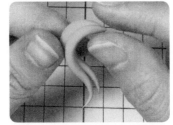

21　取淡蓝色黏土，搓出上粗下细的长条，并弯出弧度，作为1条帽穗。再搓出另一条帽穗，把两条粘到一起。

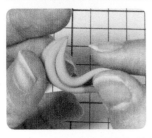

22　用同样的方法往上叠加帽穗。裁一条白色细长条，绕着帽顶围一圈作装饰。

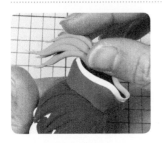

23　把帽穗粘到帽顶，头部和帽子就制作完成了！

制作腿部

24　取一块蓝色黏土，捏出一个梯形的形状。在梯形宽边的底部压出一道痕迹，这是南瓜裤的腿缝。

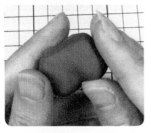
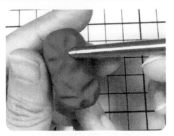

25　调整一下南瓜裤裤腿的形状，将两条裤腿捏圆润。在裤腿底部压出几道褶皱。

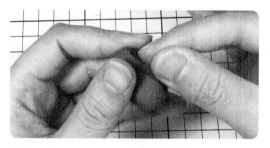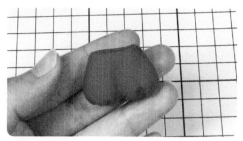

26 把南瓜裤腰身的一圈黏土捏出笔挺的边，方便后续拼接。南瓜裤制作完成。

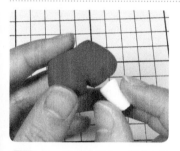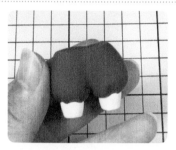

27 取一块肉色黏土，搓出上粗下细的圆柱体，并粘到南瓜裤上。把肉色圆柱体过长的部分剪掉，大腿制作完成。用同样的方法制作另一条大腿。取一块黑色黏土，搓出上粗下细的柱体，粘到腿上做出左腿的袜子形状。

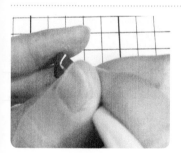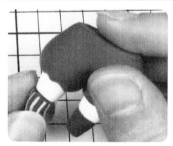

28 取一块黑色黏土，捏出一个弯曲的右腿，用白色丙烯颜料画出竖线花纹。把画好的右腿粘上，腿部就制作完成了。

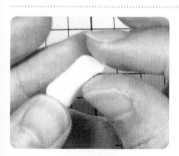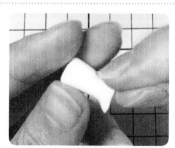

29 取一块白色黏土，搓出上粗下细的圆柱体。并将细的部分稍微揪出一些，做出鞋子的形状。把鞋底按平并捏出棱角，粘到腿上。

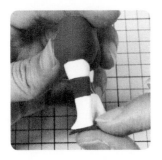 

30 取一块黑色黏土，擀平贴在鞋底。沿着鞋底边缘把多余的黏土剪掉。用同样的方法制作另一只靴子。

31 切两片长方形黏土片，并用笔刀割出锯齿状花纹。把锯齿状花纹贴到袜子上。

 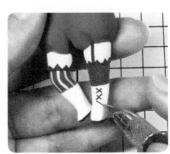

32 切两条短黏土条，贴在腿上作袜带。把黏土切成小细条，交叉贴在靴子上作鞋带。

 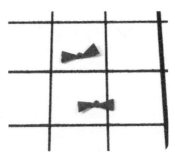 

33 剪出两块黑色小三角形，再剪出黑色圆形黏土片，并将圆形黏土片粘在小三角形中间，蝴蝶结就做好了。把蝴蝶结贴到靴子上，腿部制作完成。

制作上衣及手臂

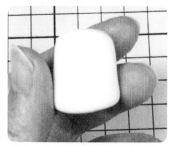

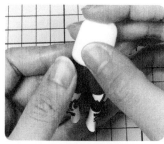

34 取一块白色黏土，捏成上细下粗的圆台形，把黏土粘到腰上。

35 在腰上压出两道褶皱。

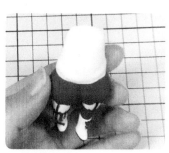

36 用棒针较粗的那一头在脖子的位置压出一个凹槽。

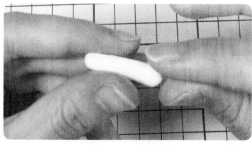

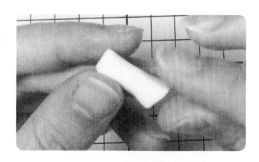

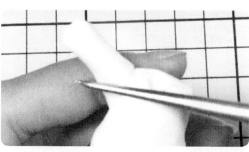

37 用白色黏土搓成圆柱体。把较粗的那一端捏出斜面，另一端捏平，捏出袖子的形状，并贴在身体上，在腋下位置压出两道褶皱。用相同的方法捏出另一个袖子，贴在身上。两个袖子就制作完成了。

38 用黑色丙烯颜料在身上画上竖条纹，在袖子上也画出竖条纹。

39 切一根蓝色细长条，在腰上围一圈作腰带。完成后如图所示。

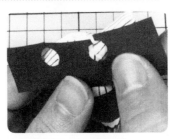

40 擀出一片黑色长方形黏土片，如图所示，切出两个洞。用刀把两个洞的上方划开，把黏土像图上这样从背面开始贴起。把两只胳膊分别放进圆洞里。

41 前面的效果如图中所示，把肩膀上的黏土片捏拢。

42 用剪刀修剪平整。把前襟多余的部分剪掉，把两个前襟贴到一起，捏拢。再把下围多余的部分剪掉。

43 剪完后用两根蓝色黏土细条作背带。

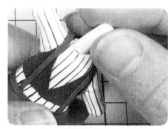

44 把背带过长的部分剪掉，把背带和裤带贴牢粘好。再用肉色黏土搓成的圆柱体，填进之前压出的给脖子预留的凹槽。把脖子过长的部分剪掉。

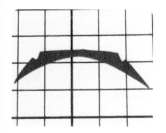

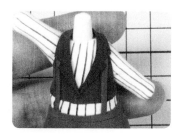

45 剪一片黑色黏土片，形状如图所示。把黑色黏土片围在马甲上，做出马甲的领子形状。

46 完成后在袖子上再各自黏一段白色柱体，做出束口袖的形状。

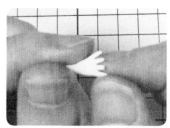

47 用肉色黏土捏出手掌的形状，用剪刀剪出4根手指。把每根手指搓长、搓尖，并修剪成合适的长度。

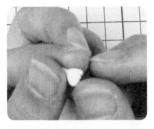

48 将手指弯曲，做成拳状。再搓一根大拇指，贴在手掌上，一只手就制作完成了。

49 用同样的方法制作另一只手，注意，这只不用弯曲手指。把手贴在袖口处。

制作装饰花边

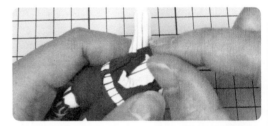

50 用白色黏土做一段褶皱花边。把褶皱花边贴在胸前，把花边内侧压牢在衬衫上，再把另一段褶皱花边贴在对称的地方。

51 在中间贴一条白色黏土条，把黏土条修建成合适的长度。

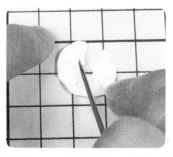  

52 做一圈褶皱花边，把花边套在脖子上。把花边与脖子粘牢。

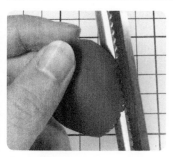  

53 把蓝色黏土擀平，剪出一个圆形，再用花边剪在圆的边缘剪出一圈波浪状花边。然后，在圆形中间靠左的位置压出一个小一点的镂空圆形。将蓝色黏土片剪成两片半圆形黏土片并分别折出图中花边，并把多余的部分剪掉。

54 把做好的花边贴到腰上。

 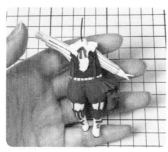

55 用紫色黏土做出一个蝴蝶结，贴到领口处，身体就制作完成了。

制作气球与连接

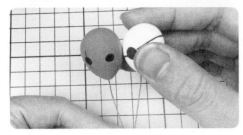 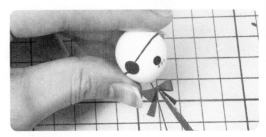

56 分别用白色和灰色黏土搓出两个气球，用丙烯颜料在气球上画出脸部。把铁丝戳进气球底部，用铁丝固定好两个气球。做个紫色蝴蝶结贴在气球底部。

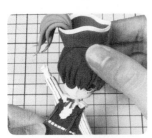 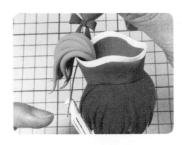

57 把铁丝从手掌中穿过，用502胶水粘牢。如果不容易固定也可以把气球用502胶水和手办身体粘上，这样更牢固。整个手办就制作完成了！

3.3 梦梦奈

这是一款3.5头身Q版长发萌妹黏土手办和向日葵场景，

草地的制作需要自备草粉噢。

通过本案例，可以学会可爱的连衣裙以及向日葵的制作方法。

自己做个可爱的夏日小场景吧！

 制作要点

制作几个不同尺寸的向日葵，这样可以丰富画面。按步骤做好这些可爱的向日葵，可爱的小场景就出来了！

黏土配色

制作脸部

01 用铅笔在脸上画上线稿，用黑色丙烯颜料勾线。

02 用深棕色丙烯颜料画出眼球的暗部，用粉红色把眼球其余部分填满。

03 用深红色丙烯画出瞳孔，并用浅粉色画出眼球下半部分的弧形反光。在瞳孔中间画上爱心装饰，并用白色丙烯颜料给瞳孔勾边。

04 用浅灰色丙烯颜料画出上部分眼白，用白色填满其余眼白，用白色丙烯颜料点上高光。

05　用粉红色色粉扫上腮红，用棕色色粉扫上眼影，脸部就制作完成了。

制作头发

侧视图

06　取浅灰色黏土，做出后脑勺的形状，注意观察侧视图!

07　取一块肉色黏土，搓成半圆形粘到耳朵的部位。用丸棒压出耳洞。取一条浅灰色黏土条，用亚克力板压扁。用剪刀在发尾处剪出发丝痕迹。

  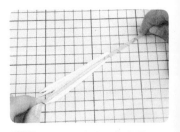

08　用长刀片的刀背顺着发丝压出痕迹，把发片一端剪平，从后脑勺上半部分开始贴起。再用同样的方法剪出几片发片，并排贴在一起，将后脑勺贴满。

09 剪出同样的发片，在刚才那层发片的基础上再贴一层。发尾做出向内弯的弧度，可以在两层发片之间放一些棉花来固定发尾弧度。两层发片贴完。

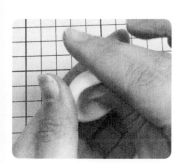

10 取一块浅灰色黏土，捏成碗状。把碗状黏土贴到头顶，再把接缝处都抹平。前额处也抹平，用剪刀剪掉多余的部分。

11 在头顶划出发丝痕迹，注意观察正视图！

正视图

 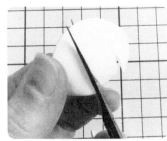

12 取浅灰色黏土放在蛋形辅助器上，压出弧度。把刘海发片剪分成3组。

13 按组把刘海发片剪出刘海发丝，再沿着刘海刻出发丝痕迹。把刘海发片贴在额头。

14 取一块浅灰色黏土，压扁，剪出发丝。把最短的发丝往外捏，使其往外翘。将发根对准头顶，贴到两鬓位置上。用同样的方法，制作另一边发丝。

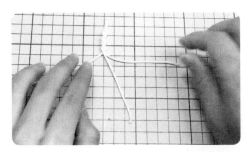 

15 用3条黏土丝编成麻花辫。把麻花辫沿着后面头发的接缝围一圈，贴好。

16 剪一片发片，从鬓发部分伸进去，贴好，发尾做出内扣的弧度。把每一根黏土条贴在一起。

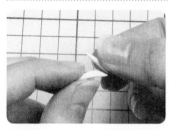  

17 搓一根很短的细条黏土，做成两头尖中间粗的形状，用剪刀把粘贴的部分剪掉一些，修剪平整。把短细马尾粘到后脑勺麻花辫上面正中间的地方，头发就制作完成了！

制作腿部

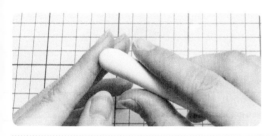

18 取一块肉色黏土，搓出上粗下细的圆柱体。

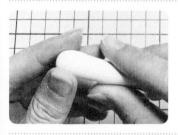 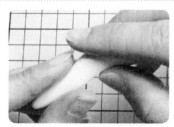

19 在圆柱体黏土的中间位置，用大拇指和食指从外侧向内轻轻挤压，捏出膝盖的形状。

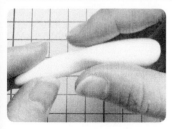 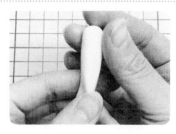

20 把小腿搓长，小腿末端搓细一些。再在膝盖下方，由下往上推一下，让膝盖更明显。

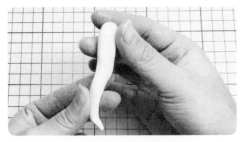
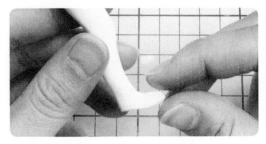

21 把小腿末端弯曲一下，做出脚的形状，再把后脚踝部位向内推一下，把脚后跟往外揪一下，突出脚后跟。再仔细捏出脚掌的形状，在足弓处往里推一推，捏出足弓的形状。

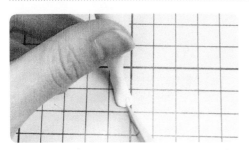

22 把脚趾部分稍微往上翘起一些，再刻出 5 根脚趾的形状，把大腿根内侧推出斜面。

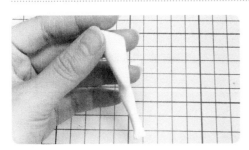
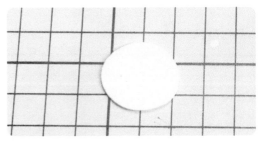

23 大腿推完斜面如图所示！用同样的方法制作另一条腿。然后，取一块白色黏土，把白色黏土搓圆、压扁。

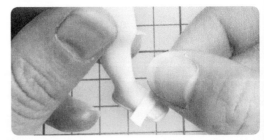

24 把薄片粘到脚底，沿着脚的形状剪去多余的黏土。切一片白色黏土片，贴到脚背上，做出鞋面的形状。

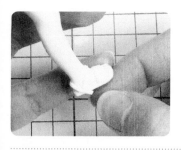

25 用细的黏土条,在前面脚面上贴半圈,在后半部分脚面上贴半圈。用浅黄色黏土捏出 5 片小花瓣,把小花瓣一片一片粘起来,用丸棒在中间部分压一下。

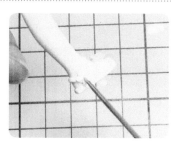

26 把黄色小花粘到鞋面上,一只鞋面上粘两朵花,在侧面鞋带上也粘上一朵白色小花。用同样的方法制作另一只鞋。

27 取一块白色黏土,用手指捏出三角形,把 3 个斜面捏平整,捏出有棱角的边。

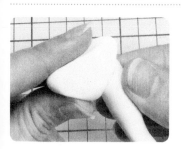
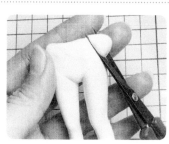

28 把两条腿分别粘到内裤的两个斜面上,调整位置,抹平接缝。

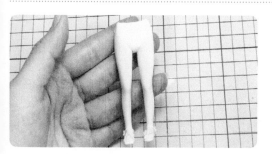

29 腿部就制作完成了。

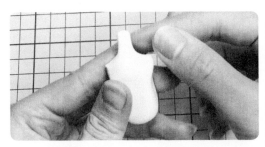

30 取肉色黏土捏出一个立方体，在一侧捏出脖子的形状，并把脖子搓长，捏出肩膀的形状。

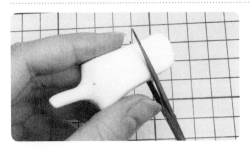

正视图 侧视图

31 把腰身捏长，并把过长的部分剪掉。再把腰和肩的形状调整好，把腰底捏平。

32 把脖子过长的部分剪掉，把躯干和腿粘起来。

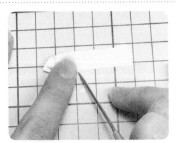
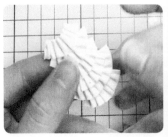

33 切一条白色宽黏土条，从一头开始做褶皱。挑起一部分，再用手指压一下，便压出一个褶皱。制作6片褶皱黏土片，并把一片片捏好的褶皱叠起来。

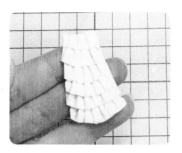

34 把两边修剪平整，剪完后效果如图所示。把剪好的裙片贴到胸部的下方。

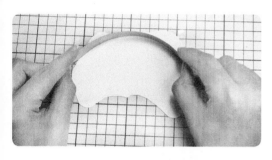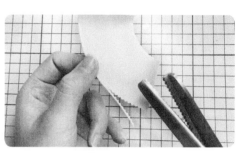

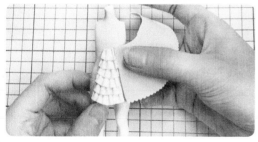

35 取一块浅黄色黏土，擀平，用刀片切出一片扇形黏土片。用圆波浪花边剪把较长的那一边剪出花边。把黏土片绕着身体贴一圈。将浅黄色黏土片与白色褶皱裙片粘在一起。

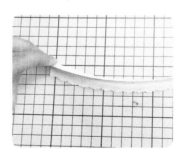

36 擀出一片白色黏土片，用花边剪剪好。再用刀片把黏土片修成等宽的一条，将花边沿着裙底贴一圈。

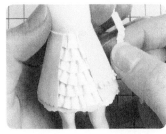

37 用浅黄色黏土做出细细的褶皱花边，把褶皱花边围着裙子贴一圈。

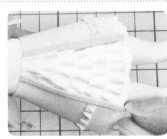

38 切两条黄色黏土条，分别贴在接缝处。并捏出若干小黄色黏土球，粘在黏土条上。再用浅蓝色黏土细条以虚线的形状沿着褶皱花边的上方以及裙子中间段各贴一圈。

39 用浅蓝色黏土做两个小蝴蝶结。把小蝴蝶结贴到图中位置，两边各贴一个。

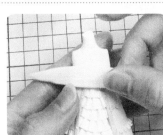

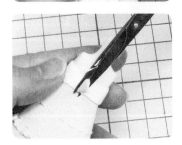

40 用白色黏土切成图中的形状，把最宽的那一段贴在胸口的位置。把黏土片绕着身体贴一圈，绕到背后，用剪刀把多余的黏土剪掉。把抹胸下边缘和裙子的接缝处粘好并抹平缝隙。

41 裙子就制作完成了！

制作手臂

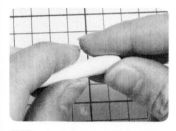

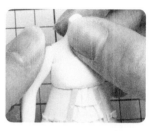

42 取肉色黏土，搓成上粗下细的柱状。把手臂从中间稍稍弯曲，把肘部捏尖。把胳膊粘到肩膀上，抹平接缝处。

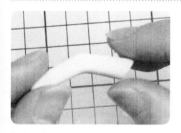
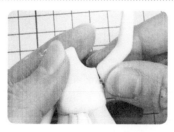

43 用同样方法捏出另一条手臂，把手臂粘到肩膀上。

44 取一块肉色黏土捏出手掌。把手掌中间再捏扁一些，捏出手指部分。

45 用剪刀剪出 4 根手指的形状，搓长每一根手指。

 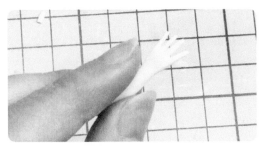

46 修剪每根手指到合适的长度，4根手指制作完成。

47 搓一块肉色黏土贴到手掌上，做出大拇指状，抹好接缝，修剪大拇指到合适的长度。

48 一只手已完成，把手掌部分剪下来。把手掌粘到胳膊上。用同样的方法制作另一只手。

 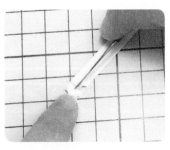 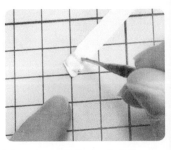

49 开始做手腕处的褶皱花边，裁一条白色黏土长条，从黏土条一侧弯起一块。再用抹刀从中间按一下，切成两部分，用棒针细的那一头在一侧褶皱中间压一下。

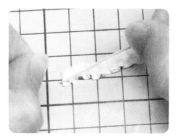

50 在另一侧褶皱中间压一下，用浅蓝色黏土细条贴在褶皱中间。

51 把褶皱花边绕着手腕一圈贴好。调整好褶皱，用同样的方法把另一只手腕处的褶皱花边也贴好。

制作配饰

52 取一块黄色黏土，裁剪成图中形状，把领子粘到脖子上。

53 贴好后如图所示。用浅蓝色黏土搓两条两边尖中间粗的黏土条，贴到领子下面，并在领结上各压出一道褶皱。

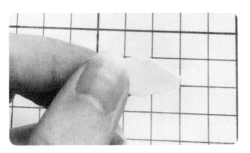 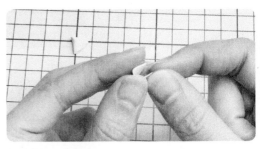

54　取浅蓝色黏土剪一片菱形黏土片，把黏土片对折贴好。一共做两片。

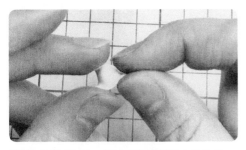 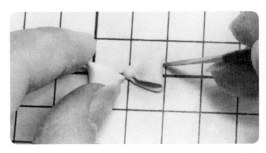

55　调整好形状，把两片同样的黏土片粘好。

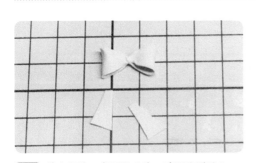 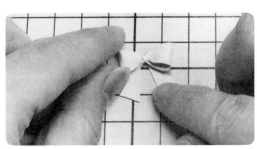

56　剪出两片三角形黏土片，贴到蝴蝶结上。

57　把蝴蝶结贴到胸口处，用白色丙烯颜料顺着领子边缘画一圈白边，领子就完成了！

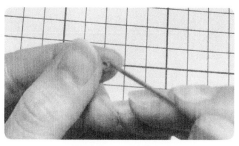

58 取一小块棕色黏土，搓圆压扁，用丸棒在中间压一下，用丸棒工具在圆片上戳一些小坑。

59 取黄色黏土搓出花瓣，将花瓣粘到圆片上，一朵向日葵就制作完成了。

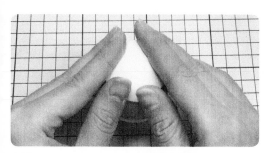

60 取一块白色黏土，放在蛋形辅助器上压出拱形，把边缘一圈修剪平整。

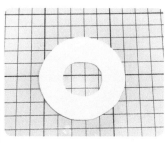

61 用白色黏土做一个圆环，把拱形帽顶放到帽檐上。然后把帽子戴到头上，将帽檐调整成图中的弧形，把其中一边帽檐压到人物的手指下面。

 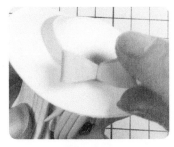 

62 用浅蓝色黏土条沿着接缝处围一圈，把蝴蝶结粘到装饰带上，把向日葵粘到蝴蝶结中间。

 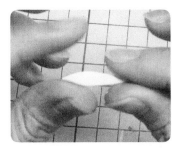 

63 把向日葵贴到胸口蝴蝶结中间以及手腕装饰上。再取白色黏土，压扁，捏出图上形状，做出两片兔耳形状。

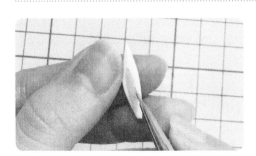 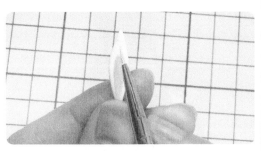

64 用粉色丙烯颜料在兔耳朵上画出可爱的图案。

65 把兔耳朵粘到帽子上。手办就制作完成了。

制作场景

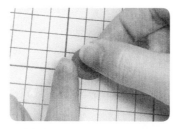

66 取深棕色黏土搓圆压扁，用丸棒在中间压出凹陷，再把巧克力色黏土搓圆压扁贴在凹陷中。

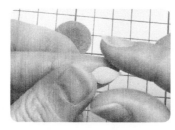

67 用七本针在圆片上戳出一些小坑，把黄色黏土搓成花瓣形状。

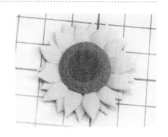

68 把花瓣粘到圆盘上，粘完一层后，在后面再粘一层。

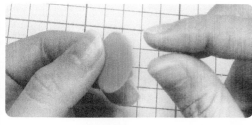

69 取深绿色黏土，搓圆压扁，每隔一段捏一个小尖。捏成图中的形状，把绿色圆盘粘到向日葵背面。

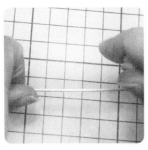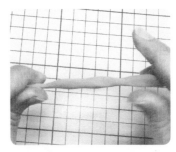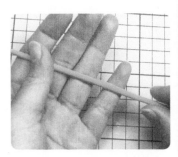

70 准备一根铁丝和一块绿色黏土。用绿色黏土把铁丝包住，在亚克力板上搓一搓，把表面搓平整。

71 把铁丝的一头稍稍弯曲一下，把茎粘到向日葵背面，向日葵就制作完成了。

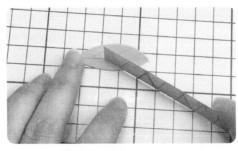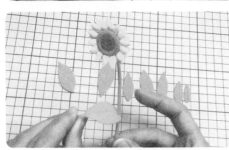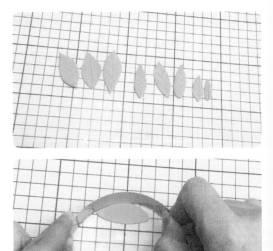

72 取绿色黏土擀平，用长刀片切出叶子的形状。用刀背在叶片上划出叶脉，用同样的方法制作大小不同的8片叶子，把叶片粘到茎上。

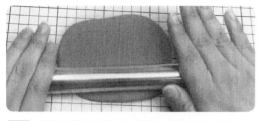 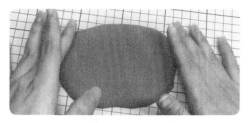

73 用擀面杖把棕色黏土擀平，修整出土地的形状。

74 在表面涂满白乳胶，然后把草粉撒满表面。

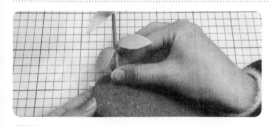 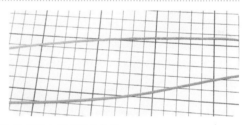

75 把完成的向日葵插到土地上，一共插两枝。然后取棕色黏土搓成两条长条。

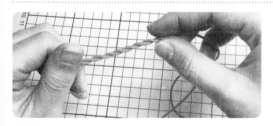 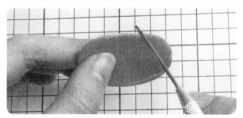

76 把两条长条搓成一股绳。

77 取棕色黏土擀平，做出篮子底状，在底部边缘抹上白乳胶。

78 把绳子沿着底面绕圈，盘旋向上持续绕圈。

79 篮子主体就制作完成了，再取一股绳做提手。

80 完成另外两朵向日葵的制作，把向日葵放到篮子里，篮子的配件就制作完成了。

81 在手办的脚底穿上铁丝，把手办固定在底座上，把篮子配件放在草地上。梦梦奈的夏日小场景就制作完成了。

第4章

萌即正义·等比例黏土手办制作

Q版黏土手办制作与等比例黏土手办制作有很大的不同哦！
接下来，一起去学习等比例黏土手办制作吧！

4.1 魔法少女

这是一款6头身魔法少女人物角色。

通过本案例，可以系统地学习到等比例少女的制作方法。

华丽的百褶裙是角色的亮点，

耐心制作就可以拥有可爱的萌神了！

制作要点

注意控制好人物身体比例，耐心地做好裙子的花边装饰。每一片裙子黏土都可以稍微晾干一点再开始制作。人物身上的小星星配饰需要另行准备，没有的话也可以自己用黏土制作或者用纸裁剪出来！

黏土配色

制作脸部

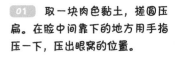 **01** 取一块肉色黏土，搓圆压扁。在脸中间靠下的地方用手指压一下，压出眼窝的位置。

02 把高起的额头部分轻轻压一下，把额头的弧度压得更自然。压一下嘴巴部分，压出下巴弧度并推高鼻子。

03 从眼窝的部分向鼻子捏拢。捏出鼻尖，在鼻尖的下方压一下。把刚才嘴巴部位捏起的部分压平一些。用丸棒把眼窝再压几下，压深一点点。把下巴往外揪一点，揪出下巴的形状。

 正视图   侧视图

04 注意观察正视图与侧视图！

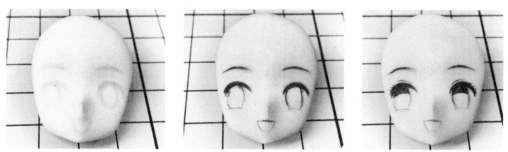

05 用铅笔打草稿。用黑色丙烯颜料画出五官轮廓，用深绿色画出眼球的暗部。

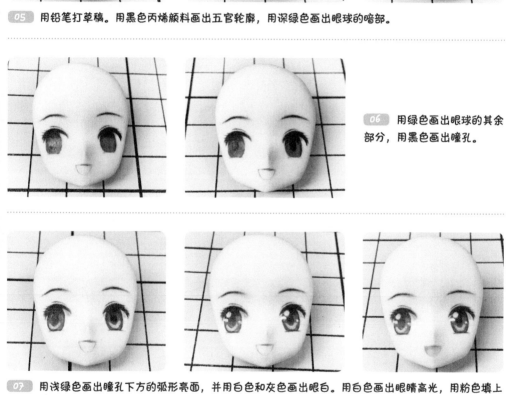

06 用绿色画出眼球的其余部分，用黑色画出瞳孔。

07 用浅绿色画出瞳孔下方的弧形亮面，并用白色和灰色画出眼白。用白色画出眼睛高光，用粉色填上嘴巴的颜色。

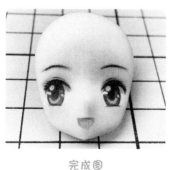

08 用粉色色粉画出腮红，用棕色色粉画出眼影，脸部就制作完成了。

完成图

制作头发

 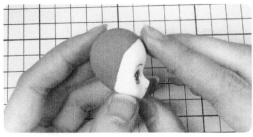

侧视图

09 取一块棕色黏土，粘在脸部背面作后脑勺，调整形状。注意观察侧视图。

 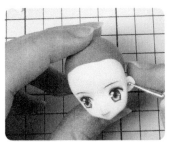 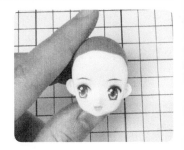

10 取一块肉色黏土搓成半圆形，粘在耳朵的部位，用丸棒把耳蜗压出来。

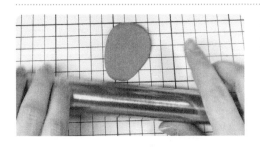 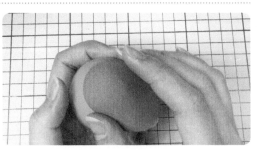

11 取一块棕色黏土，擀成上厚下薄的黏土片。把擀好的黏土片放到蛋形辅助器上，压出自然的弧度。

  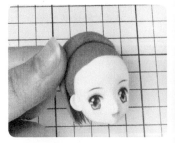

12 用剪刀在薄的部分剪出发尾发丝，沿着发尾的走向压出发丝的痕迹，把做好的发片贴在后脑勺上。

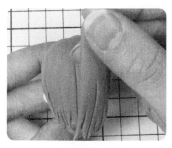 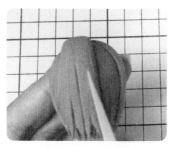 

13　剪一片稍窄的发片作为第2层发片，贴在上面，注意拼接的时候要整齐。贴好后沿着发尾的走向压出几道发丝的痕迹。用同样的方法再贴两片发片，注意每片之间的衔接。

14　注意观察正视图与侧视图！

正视图　　　　　　　　　　　　　　侧视图

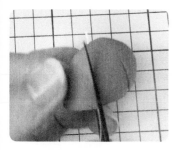 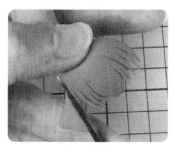 

15　搓一片稍微宽一点、短一点的发片用来制作刘海，将刘海分为3部分。在发尾处剪出发丝，把发片放在蛋形辅助器上，做出内扣的形状。同时沿着发尾的走向压出发丝的痕迹。

16　把刘海发片贴到额头上，用棕色黏土做出窄一点的发片，作为鬓发内层。将头顶过长的头发剪掉，并抹平。

17 剪一片稍长一点的鬓发。

18 从头顶开始贴另一边的鬓发。

19 鬓发分上下两部分。先贴下半部分外层鬓发，然后贴上半部分外层鬓发。

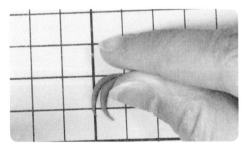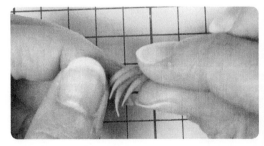

20 制作一片细发发片，粘到两边鬓发里。在头发上再贴几条细发丝，增加层次感。搓一根根细短的黏土条，粘成一撮。

21 将需要粘贴的一头剪平，分别贴在两边头发上。搓出黏土条，一端尖一些，贴在头顶，头发就制作完成了！

制作腿部

22 搓出一个上窄下宽的梯形黏土，注意这块黏土要厚一些，把上面压平。用长刀片从中间切开，如图所示，上面留一部分，不要切开。把切开的部分分开，把切面捏平。

 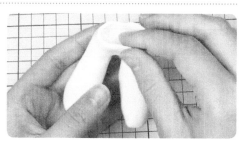

23 把没有切开的部分捏弯，捏出腰部的形状，把腰部捏平、捏立体。

24 调整好臀部形状，把裤腿捏出上窄下宽的南瓜裤形状。

 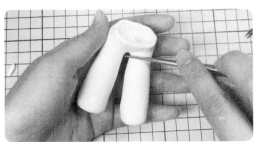

25 南瓜裤成形，在裆部压出褶皱的痕迹。

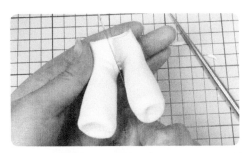 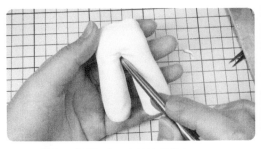

26 用刀背分别在正面和背面的中间压出一道痕迹，做出裤缝，在臀部也压出褶皱的痕迹。

 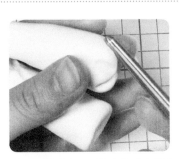 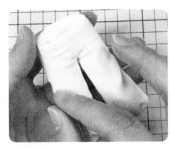

27 压出大腿内侧的褶皱和裤角的一圈褶皱，用手指在裤腿上捏出一些褶皱。

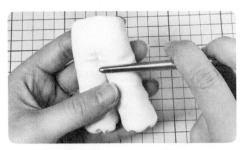 

28 在背面的裤腿上也压出一些褶皱。为了防止黏土膨胀，褶皱变平，可以多捏几次，加深褶皱。裤子就制作完成了。

 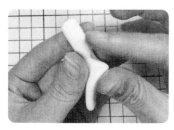 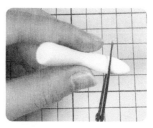

29 取一块白色黏土，揉成圆柱体并弯折一下，做出脚的形状。在脚后跟的位置揪一下，揪出脚后跟的形状，把脚面多余的部分剪掉。

 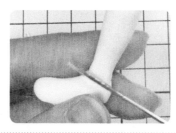

30 捏出脚面和足弓的形状，在脚踝处压出褶皱。

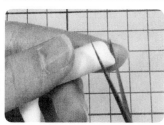 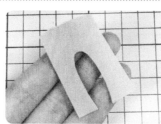 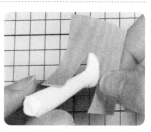

31 把腿部多余的部分剪掉并捏平连接面。取一块粉色黏土，擀平并剪出如图所示的形状。把黏土片贴在脚背上。

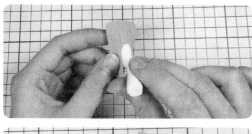 

 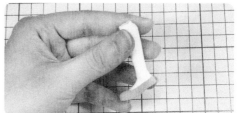

32 把脚后跟多余的部分剪掉，把脚底多余的黏土剪掉。调整好形状。

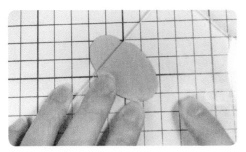 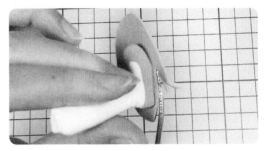

33 取一块粉色黏土，用亚克力板压平。然后估测一下鞋跟的位置，用亚克力板压出鞋跟和鞋底的形状，把制作好的粉色黏土片贴到鞋底并把多余的黏土剪掉。

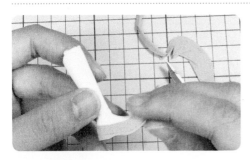 

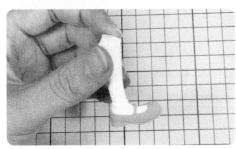 

34 调整一下鞋底的形状，贴上皮鞋带，脚部就制作完成了！用同样的方法制作另一只腿。把裤腿和脚用胶水粘上。

 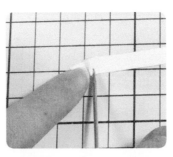 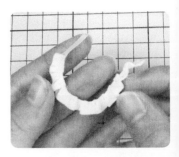

35 取一块白色黏土，擀平并切一片白色黏土片，从一端开始将黏土弯起一个小凸起。在中间凸起的地方按一下，做出花边的一个褶皱。用同样方法做完一条花边。

36 将花边贴在裤腿处，下半身就制作完成了。

制作躯干和衬裙

37 取一块肉色黏土，捏出一个长方体，从一边揪出一截，捏出脖子的形状。

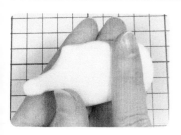
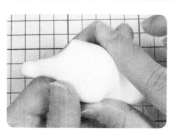

38 在胸部下方按一下，突出胸部。把胸部两边按一下，调整胸形。

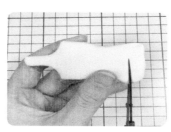

39 把两边肩膀按一下，调整肩宽。把腰以下多余的黏土和脖子过长的部分剪掉。

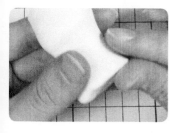
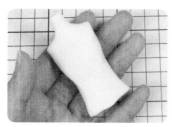

40 用手指把腰的边缘轻轻捏平。

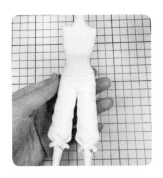 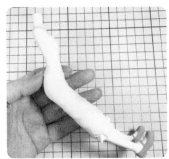

41 把上半身和下半身连接在一起，注意观察侧视图。

侧视图

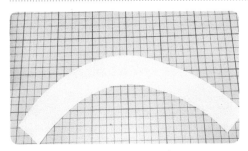 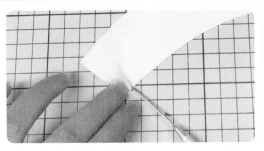

42 取一块白色黏土，擀平，用弯曲刀片裁出图中所示的圆环状黏土片。从黏土片的一端开始，弯起一个小凸起，捏拢凸起再轻轻压平，做出一个小褶皱。

  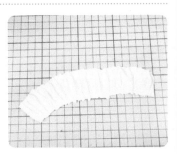

43 用同样的方法做出另一边的小褶皱，调整中间部分的黏土，做出一部分完整的裙子褶皱。用同样的方法继续做出褶皱，做出一整块裙摆。

44 用长刀片将裙摆边缘切整齐，把裙摆围在腰上，接好接缝，上层裙摆就制作完成了。

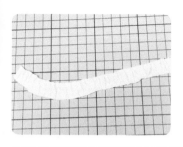

45 用同样的方法做出一条更窄更长的裙摆，粘到上层裙摆上。

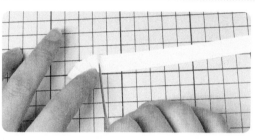

46 剪一片白色长黏土片，制作一片稍宽的花边。把花边贴到衬裙裙摆上，把几条花边依次贴满裙摆一圈，在下层裙摆和花边的接缝处再贴一圈窄一点的花边。

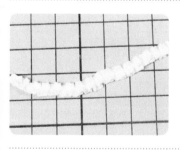
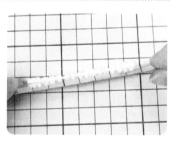

47 裁一条白色黏土长条，做一条双边褶皱花边，用长刀片把这条褶皱花边从中间裁断。

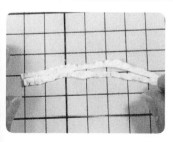
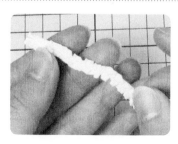

48 把裁开的两部分花边稍微错开一些，重新贴在一起，这样是为了让褶皱花边看上去更加错落有致。一条双边褶皱花边的制作就完成了。

49 把双边花边贴在上层裙摆和下层裙摆的接缝处，衬裙就制作完成了。

制作上衣及外裙

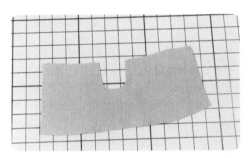
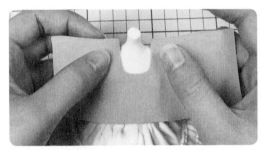

50 取一块粉色黏土，擀平，裁出图中的形状。把粉色黏土片在身体上比对一下尺寸，并根据情况来调整。

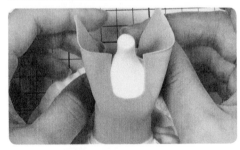

51 将粉色黏土片围着身体贴一圈，用剪刀把背后多余的黏土剪掉。

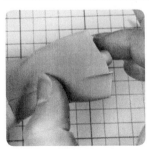
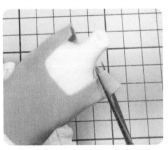

52 把背后的接缝处抹平，可以用酒精棉片抹平，效果会更好。把肩膀上多余的黏土剪掉。

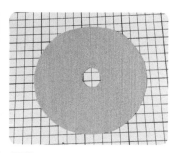 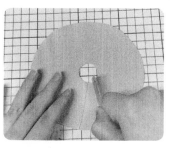 

53 取粉色黏土，擀成片。用圆规画出同心圆的形状，并裁切好。把环形裁掉一角，如图所示，用手做出裙摆的形状。

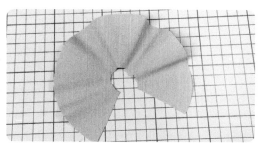 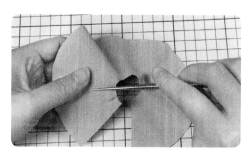

54 裙摆形状完成后，在裙摆上围压出一圈小褶皱。

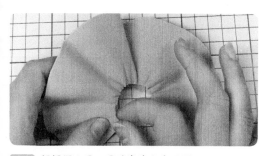 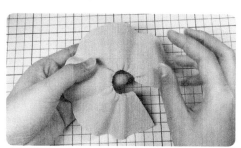

55 把裙摆上围一圈稍微往内向下压一下。

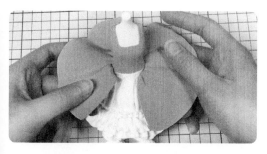 

56 把裙摆围在腰上，粘好，裙摆就制作完成了！

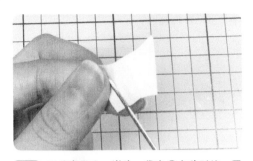
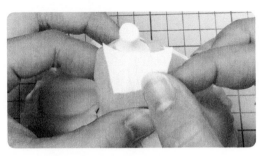

57 取白色黏土，擀片，裁出图中的形状，再在上面压出褶皱。

58 把做完褶皱的黏土片贴在领口。

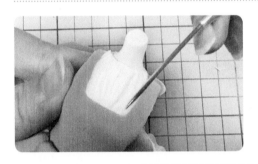

59 修剪出适合领口的形状，并做调整。

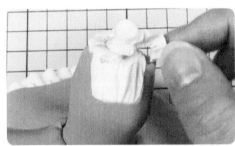

60 制作一条白色花边，把白色花边贴在脖子上的领口处，切一条细细的白色黏土条围在领子边缘。

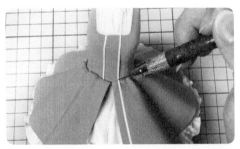

61 把白色黏土细条在胸前贴两道。取一小团白色黏土，捏成小圆片，按在扣子的位置，在中间轻轻压个孔，做出绳孔的样子。

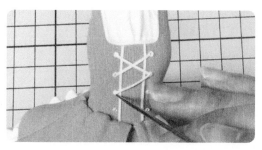 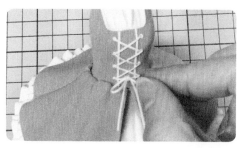

62 裁出长短合适的白色黏土细条，交叉贴在绳孔上，完成绑带的形状。用细长黏土条做个小蝴蝶结贴在绑带下方。

63 上衣及外裙就制作完成了！

制作袖子及手臂

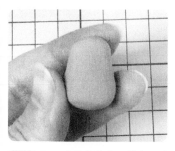  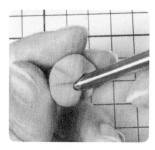

64 取一块粉色黏土，搓出一个上细下粗的圆柱体。在粗的那端压一圈，压出袖口褶皱的形状。在袖口中间按一下，用来连接手臂。

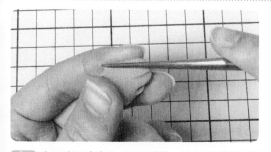 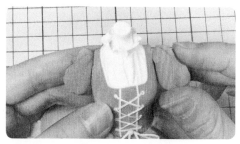

65 在细的那端按出一些小褶皱，做成泡泡袖的形状，把泡泡袖贴在肩膀上。

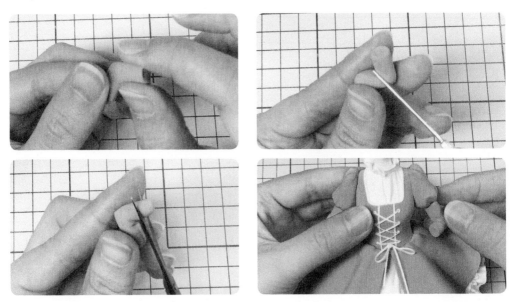

66　取一块粉色黏土，揉成细圆柱体，再弯折一下。在弯曲的地方压出两道褶皱，将过长的部分剪掉，做成胳膊的形状。把胳膊粘到泡泡袖上。

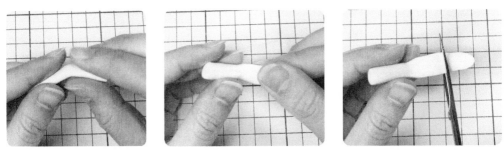

67　取一块肉色黏土，揉成圆柱体，再弯折一下。把手掌位置的黏土压扁，把手掌过长的部分剪掉一些。

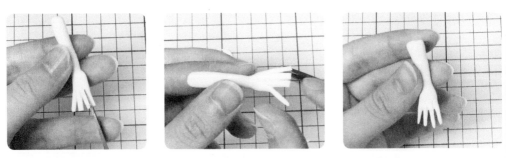

68　剪3下，把4根手指的形状剪出来。将手指一根根搓长，并修剪成合适的长度。

 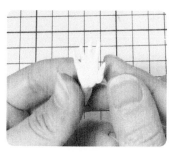 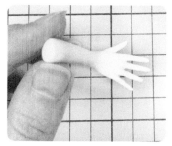

69 取一小块肉色黏土，搓成下粗的小圆柱形。把大拇指粘在手掌上，调整一下，如图所示手部制作完成。

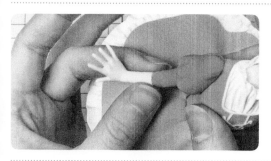

70 把胳膊粘到袖子上。

71 用白色黏土做一圈小花边，把花边贴在袖口处，袖子和手臂就制作完成了。

制作配饰

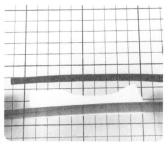 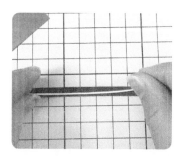 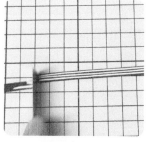

72 用深红色黏土裁出细长条，将白色黏土裁成更细的长条。把白色细长条一条条并排贴到深红色黏土条上，一条深红色黏土条上贴3条白色细黏土条，贴完后把两边裁平。

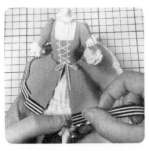 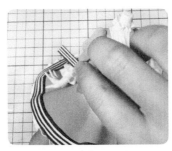 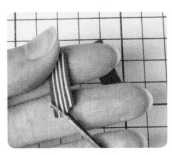

73 把黏土条围着裙摆贴满一圈，把黏土条贴到袖口处，裁两片差不多长的条纹，在每段的其中一端剪出箭头状三角形。

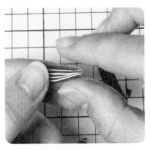 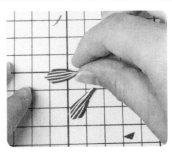 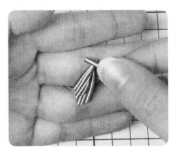

74 把另一端聚拢，做成图上的两个部件形状。上下叠放在一起，裁一条窄一点的条纹长条，把上面贴合的部分围起来。

 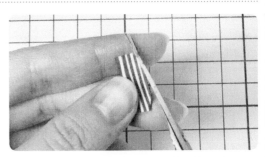

75 用一条细条纹长条把完成的领结配饰粘到领口处，裁两块长度一样的条纹片，把每片剪成菱形。

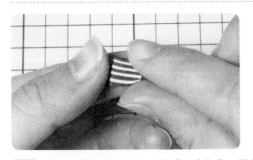 

76 将剪好的黏土片对折，并在接头处聚拢，拼成蝴蝶结的形状。

 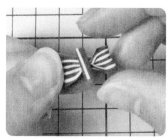

77 剪出两片一端箭头状的黏土片，再剪一片窄一点的黏土片包在拼好的蝴蝶结上。

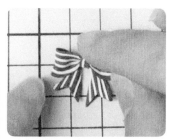 

78 把两片箭头状的黏土片拼在蝴蝶结上，蝴蝶结就完成了！把双边蕾丝围着裙子花边贴一圈。

79 把做好的蝴蝶结粘到裙子、裤腿，以及发饰处，裙子就制作完成了。

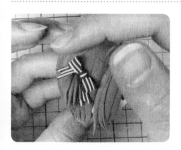 

80 给头发贴上蝴蝶结，头部完成。

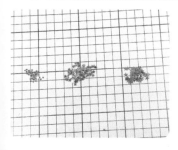 

81 准备不同尺寸的小星星，没有现成小星星的话，也可以用金色的纸剪出五角星来代替，在各个蝴蝶结上贴上小星星。

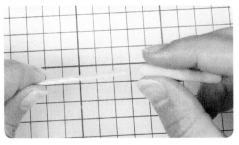
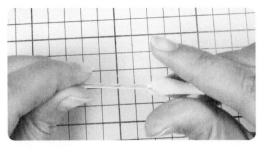

82　准备一块粉色黏土和一段细的亚克力棒。如果没有亚克力棒也可以用木棍代替。把黏土裹到亚克力棒上。

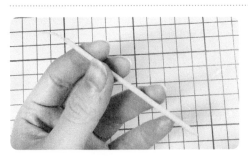
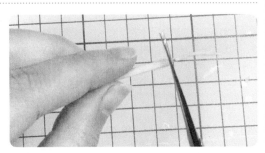

83　将裹好黏土的亚克力棒搓两下，使黏土均匀地覆盖在亚克力棒上，搓完以后的效果如图所示，将两端多余的黏土剪掉。

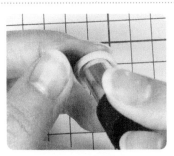
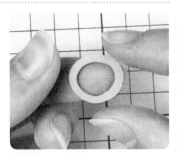

84　取一块粉色黏土，用亚克力板压成大约2mm厚的小圆片。用大小不同的两个压圆工具压出圆环。把圆环边缘修得圆润一些。

85　用压圆工具压一个黄色的圆形黏土，用切割刀切出一个五角星形状，把五角星嵌到圆环里。

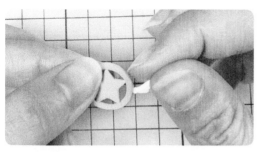

86 做两片小翅膀，分别粘到圆环两侧，魔法杖主体部分就制作完成了。

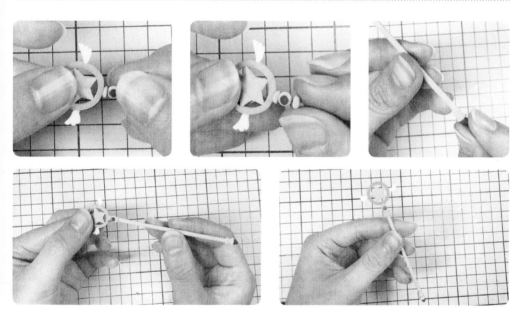

87 捏出如图所示的小圆圈，贴在魔法杖主体下面。继续粘小部件，把魔法杖尾部粘到亚克力棒底部，把棒和魔法杖主体粘起来。

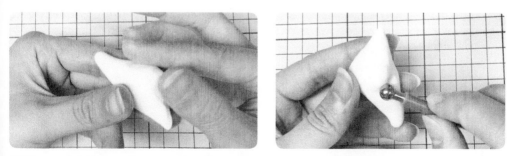

88 取一块白色黏土，捏出一个圆角三角形。用丸棒戳黏土，戳出凹凸的云朵形状，戳的时候注意把云朵戳出几个圆形凸起。

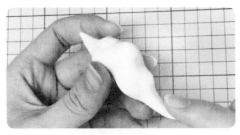 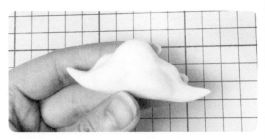

89 用手指调整形态，使云朵显得更自然。把两边捏出两个尖尖的云尾，一片云朵就制作完成了。多捏几片云朵，每片云朵的造型可以不一样。

90 准备底座，在底座上打孔。这里在木头底座上贴了魔法阵贴纸，也可以随意选择自己喜欢的底座贴纸。在孔里插入粗一点的亚克力透明棒。

91 把云朵粘在亚克力棒上。再粘几片云朵到底座上，将手办与底座连接。晾干后，魔法少女就制作完成了。

4.2 魔法少年

这是一款6头身少年手办，

通过本案例，可以系统地学习等比例少年的制作方法。

包括短裤和靴子等万用的制作技巧，

可爱的小月亮底座也是亮点呢！

制作要点

注意控制好人物身体的比例，小短裤是制作难点，注意臀部要做得饱满一些，耐心地多做几次，肯定能得到满意的成品！

黏土配色

制作脸部

01 用铅笔在脸上勾勒出淡淡的线稿，再用黑色丙烯颜料画出眼眶、眉毛和嘴型。

02 用深绿色画出眼睛的暗部，再用绿色填满眼睛其余的部分。

03 用黑色画出瞳孔边缘一圈，用浅灰色涂满上半部分眼白，用白色涂满下半部分眼白，最后用白色丙烯颜料点上高光。

04 用白色混橘色涂满嘴巴，注意用白色涂出牙齿，接着用粉色色粉抹上腮红和眼影，脸部就完成了！

制作头发

侧视图

05 取一块黄色黏土，搓圆粘到脸部背面，捏成后脑勺状。将后脑勺形状捏得饱满一些，将头顶稍微推高一点。注意观察侧视图。

06 取一小块肉色黏土，搓圆压扁，做出半圆形的耳朵。把耳朵贴在头部一侧，然后用丸棒压出耳蜗。做好两只耳朵。

 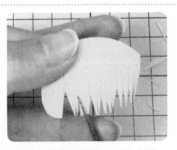 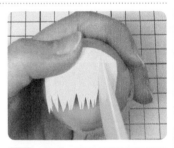

07 取一块黄色黏土，擀平，这片黏土厚度要均匀，不用太厚。先用剪刀将发片分为4份，然后把每一份发片都剪出发丝。

08 剪完以后放到蛋形辅助器上，沿着发丝压出痕迹。

 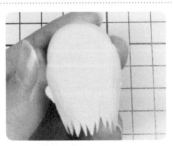

后视图

09 把这片发片贴到后脑勺上，贴完后背面的效果如图所示。

10 剪出第 2 片发片，贴在第一片发片上，压紧发片的接缝处。

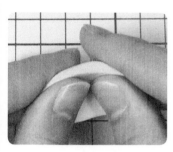  

11 取一块同色黏土，压出向内凹陷的弧度。把黏土贴到头顶上，把后脑勺和刚才的发片连接好。在发片上压出发丝痕迹，这里的痕迹是单马尾的发丝痕迹。

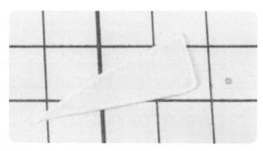 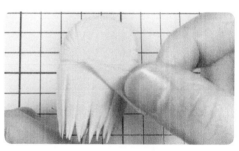

12 剪一片三角形黏土片，将三角形黏土片贴在中间两片发片的连接处，压出发丝痕迹。

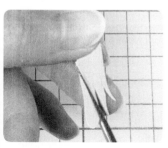 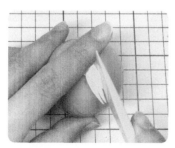 

13 剪一片小一些的发片，剪出发丝后放在蛋形辅助器上，压出弧度并压出发丝痕迹。把发片贴到鬓角处。

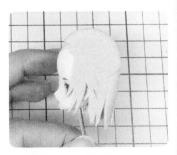

14 剪一片更小的发片，将小发片贴到鬓角后面的部位，在另外一侧也用同样的方法贴两片。

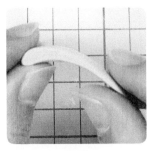
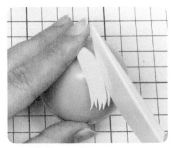

15 取一块黄色黏土擀平，捏出弧度，上面厚、下面薄。

16 把发片剪出发丝，放在蛋形辅助器上压出弧度和发丝痕迹，贴到左前额处。

17 剪一片发片，贴到右前额处，贴完后的效果如图所示。

18 擀出一片黏土，剪成斜三角形并修剪出发丝。

19 剪完以后把发片放到蛋形辅助器上，压出自然的弧度，刘海就制作好了。

20 把刘海贴到前额处，调整细节，然后在刘海后面贴一片小的发片。

21 右侧也贴上一片，然后在头顶贴上一撮翘起的头发。

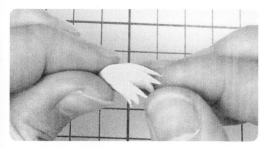

22 头部大体完成了！用黄色黏土搓出一条条两端细中间粗的黏土条，把一条条黏土条粘到一起，粘出一股小马尾。把小马尾粘到后脑勺上。

制作腿部

 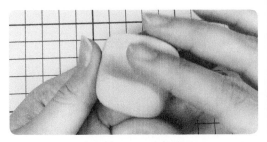

23 取一块浅紫色黏土，捏成长方体。把长方体的右侧往下压，凸起的那部分捏得再突出一些，调整出阶梯状的黏土形状。

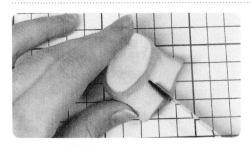 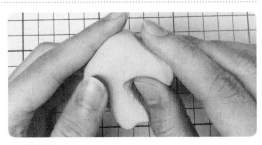

24 把阶梯状黏土从中间切开，从切开的部分中捏出两条腿的形状。

 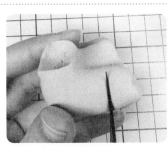 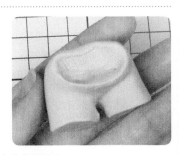

25 压一下裆部，把裆部的形状调整好，剪掉裤腿过长的部分和腰上多余的黏土。

 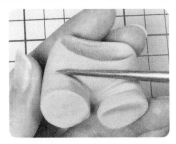 

26 在大腿内侧做出两道褶皱，左右两侧大腿都要做出褶皱出来。在腰部做出3道褶皱，用刀片背部刻出裆线。

27 用刀片背部刻出后面的裤缝，把臀部中间稍微往里按一下，捏出臀部的曲线。

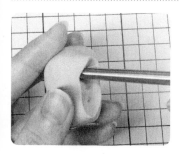

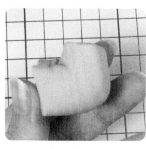

正视图　　　　　　　　　　侧视图

28 把棒针较粗的那一头轻轻捅进腰部，到臀部位置的时候稍微往外顶一下，这样可以让臀部更突出。同理，也可以把棒针捅进大腿，向四周稍微顶一下，调整大腿粗细。注意观察正视图与侧视图。

29 刻出裤子侧面的裤缝，用抹刀工具在裤子口袋的位置压一下，压出口袋的形状，短裤就制作完成了！

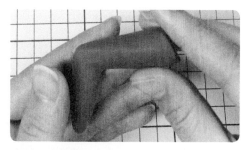

30 取一块深蓝色黏土，搓成上粗下细的圆柱体，在中间靠上的位置弯曲一下。

 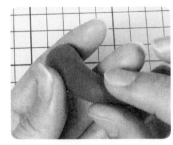 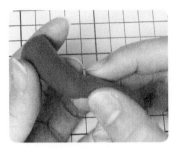

31 在腿弯处向内侧压一下，做出小腿的弧度。在膝盖处从两侧向中间捏一下，捏出膝盖的三角面。把膝盖下面的部位稍微往下按一下，突出膝盖的轮廓。

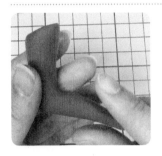 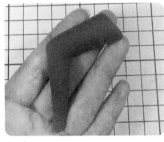 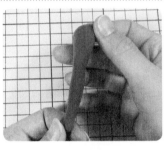

正视图　　　　　　　　　　　侧视图

32 把小腿下面搓细，并捏出小腿弧度，展示一下正视图与侧视图。用同样的方法制作另一条腿。

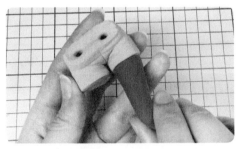 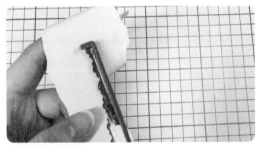

33 把腿粘到裤管上，大腿向身体内侧靠拢一点，双腿并拢一些比较好看。取一块浅蓝色黏土擀平，用花边剪剪出花边。

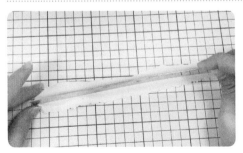 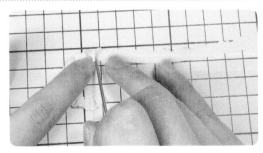

34 用长刀片裁出一长条花边，把花边做出褶皱的形状。

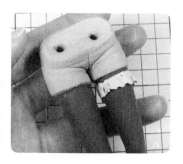

35 把花边围在裤腿边缘，注意蓝色花边与裤腿有一定的距离。用同样的方法做出两条白色花边，把白色花边贴在蓝色花边上面。

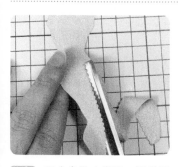

36 取金色黏土擀平，用圆形花边剪剪出花边。

37 把金色花边贴在裤腿处，裤子和腿就制作完成了！

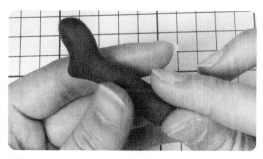
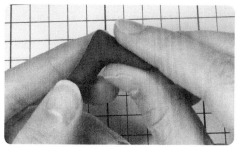

38 取一块黑色黏土，弯出大致的靴子形状，把顶部捏平，把鞋底捏平。

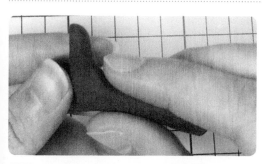
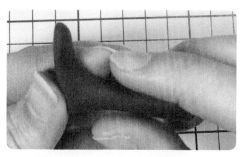

39 把鞋底多余的部分剪掉，并调整鞋底形状。鞋头往上捏得翘起一些，足弓部分捏凹进去一些。

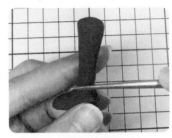

40　靴子大致形状完成，在足腕前部和脚后的足腕部位做出褶皱的痕迹。

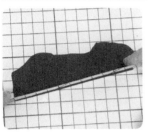

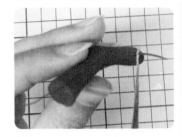

41　用长刀片切出黑色长条，贴在靴子前面作为装饰条。剪掉多余的装饰条。

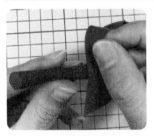

42　用擀平的黑色黏土片贴在鞋头部位。把鞋头多余的黏土剪掉，捏好鞋头的形状。

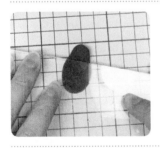
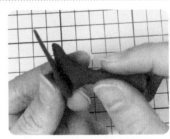

43　取黑色黏土，用压泥板压平，在中后鞋跟部位压一下，压出鞋底和鞋跟的形状。把鞋底粘到靴子上，把多余部分剪掉并调整好形状。

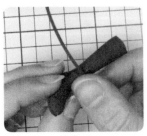
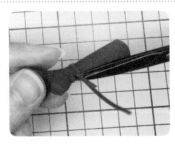

44　在足腕上贴上两条装饰条。剪掉多余的装饰条，调整修平。用同样的方法制作另一只靴子。

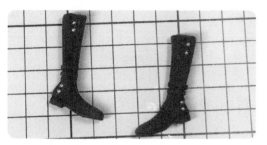

45 按照图中所示，在对应部位抹上胶水，黏上金色圆铆钉。如果没有金色圆铆钉，也可以用金色黏土代替，把靴子粘到腿上。

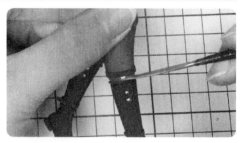

46 把黑色细条粘到靴筒部位，在腿上贴上稍微粗一些的黑色黏土条，在粗的黏土条上黏上大颗一些的方铆钉。

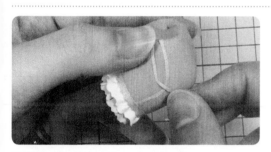
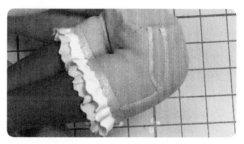

47 切出金色黏土条，贴在侧面裤缝上和口袋边，下半身就制作完成了。

制作躯干和上衣

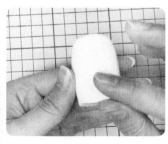

48 取一块白色黏土捏成长方体，把底部捏平，把身体粘到下半身上。　49 捏出腰和胸腔。

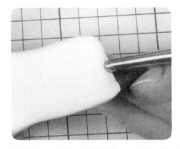
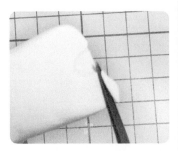

50 把多余的黏土剪掉。　　**51** 在脖子的位置戳一个洞，把肩膀处多余的黏土剪掉，修平。

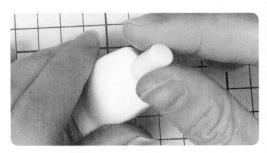

52 把胸部稍微往躯干内侧扭一下，做出转体的效果。取一块肉色黏土，搓成棍状戳进脖子的位置，并把脖子过长的部分剪掉。

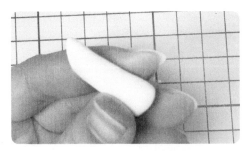

53 取一块白色黏土，搓成上细下粗的柱状，在细的那端压出一个斜面，在粗的那端压出袖口褶皱。

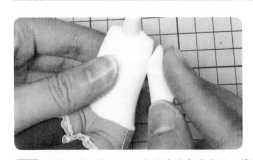

54 把袖子粘到躯干上，在连接的肩膀处压一道褶皱。

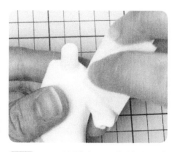  

55 用酒精棉擦一下肩膀的连接处，把缝隙抹小。

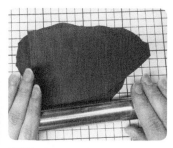 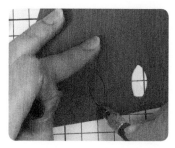 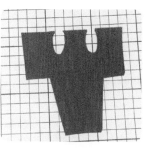

56 擀一片紫色黏土和一片深蓝色黏土，把两片黏土叠在一起擀平。修剪出衣服片的大致形状，在胳膊的位置挖出袖子洞。

 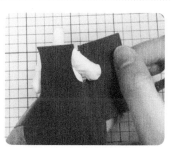 

正视图

57 从背后开始贴，把袖子从预留的洞中穿过。把另一侧袖子也穿过贴好，贴好之后的正视图展示。

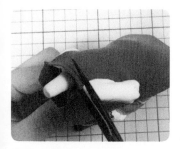 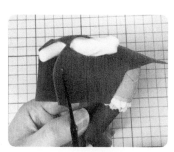 

58 把脖子上多余的黏土剪掉，剪出大致的领口和前襟的形状。把下摆修剪平整。

59 把肩膀上多余的黏土剪掉，把前襟剪平对齐。

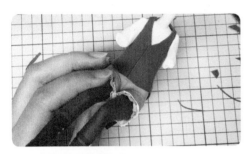 

60 大致完成效果如图所示，剪出燕尾的形状。

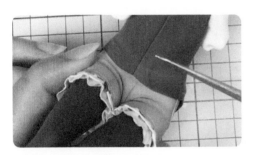 

61 压出腰上的褶皱，燕尾马甲就制作完成了！

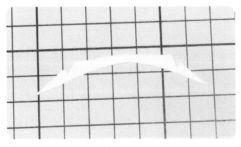 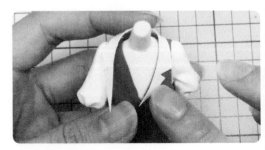

62 用白色黏土片剪出如左图形状的领子，然后把领子沿着衣服领子的位置围一圈。

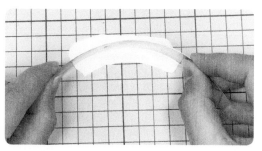 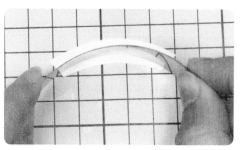

63 用长刀片裁切擀好的白色黏土片,切出一片圆环状,用刀片的刀背在圆环中间轻轻压一道痕迹,不能压断。

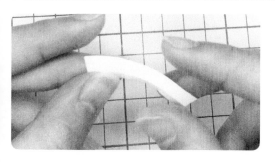

64 沿着压痕,轻轻地把这片圆环折一下,做出衬衫领的形状。

 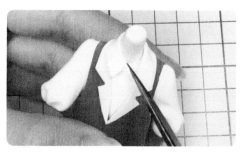

65 把领子片沿着衬衫上领子的位置围一圈,把过长的部分剪掉,修整好。

66 取浅蓝色黏土擀平,切出两段短的细条,把两段细条贴到衣领下面,做出领带带子的形状。再切出如图所示的形状,做出领带的形状。

67 把领带过长的部分剪掉，切出一小块黏土做领带结，粘到3根带子交接的地方，修整好。

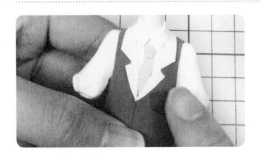

68 取深蓝色黏土，切出口袋形状，把口袋贴到衣服上。衣服完成。

制作手臂

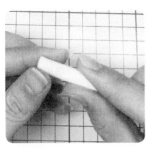
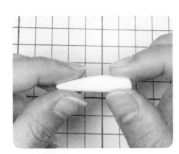

69 取一块肉色黏土，搓出上粗下细的圆柱体。在中间偏上的地方稍微捏扁，捏宽一些，做出小臂上半部分的弧度。把大臂和手腕部分剪掉一些，修出平整的接口，再把胳膊接到袖子上。

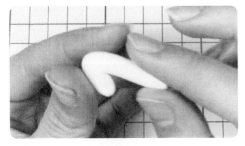

70 取一块黏土，搓出柱状，在中间部分弯曲。

71 把大臂部分捏平并剪短一些。

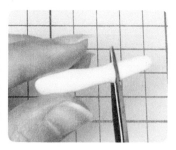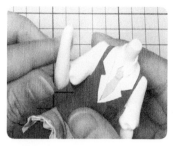

72 捏出小臂的形状，在手腕处剪平，把胳膊粘到袖子上。

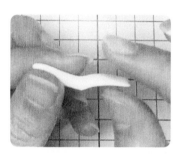

73 取一块白色黏土，稍稍捏平，手掌部分稍厚一些，手指部分稍薄一些。把手指部分稍稍捏弯曲一些，把过长的手指部分剪掉。

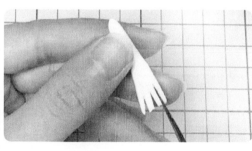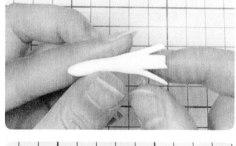

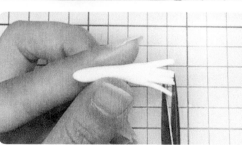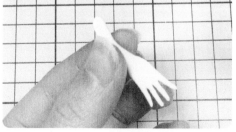

74 在手掌部分剪出 4 根手指。把一根手指搓尖，修剪出合适的手指长度，用同样的方法做好另外 3 根手指。

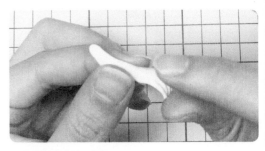

75 把4根手指并拢，把手指部分稍微弯曲一下，做出自然的手指弧度。

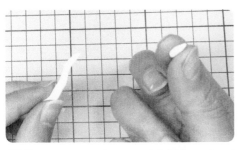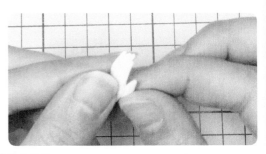

76 另取一小块白色黏土，搓出水滴状，把大拇指粘在手掌上。

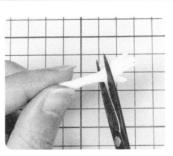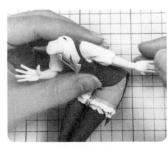

77 调整一下，手部完成。把整个手部剪下来，剪的时候注意角度和手掌平行，这样黏在胳膊上的时候才能保持手掌撑起身体的姿势。用同样的方法制作另一只手。把手粘到胳膊上。

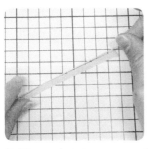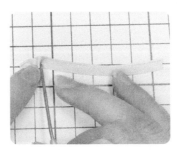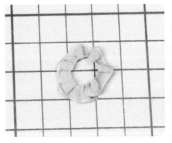

78 切一条金色黏土丝和一条紫色黏土条，粘在一起。将贴好的黏土条做成褶皱花边，作为手套的花边。

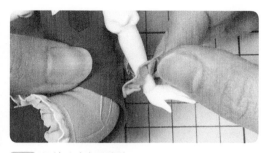

79 把花边贴在手腕处。

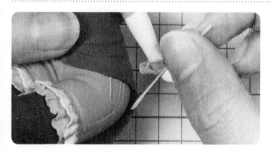

80 在袖口贴一圈淡紫色边，在手套口贴一圈金边，胳膊及手部就制作完成了！

制作配饰及底座

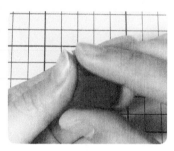
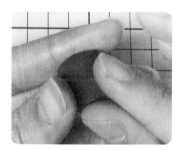
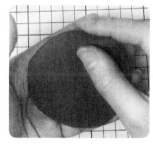

81 取一块黑色黏土搓成一个上粗下细的圆柱体，把两边的两个圆面捏平捏整齐，圆面边缘捏得明显一些。擀出一片黑色圆形薄片。

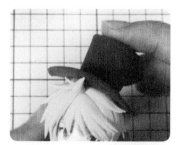

82 把刚才的圆柱体粘到黑色圆片上，把帽子粘到头顶上，调整一下帽檐的弧度。

83 切一条淡紫色的细带，贴到帽子底部，在细带上压出一些细褶皱。

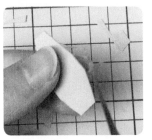
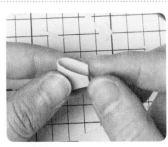

84 把淡紫色小方块边上的4个角裁掉一些，把裁好的黏土片对折。

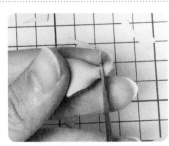

85 把细的那侧捏拢，同时把另外一侧中间部分推进去，把细的那侧多余的部分剪掉。

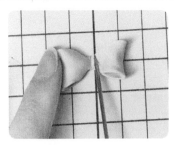

86 制作完的两个相同的部件面对面粘上，把中间压拢，做成蝴蝶结状。

87 在蝴蝶结上用金色油漆画上星星等图案，再贴上小的金色五角星，没有的话也可以用手绘代替。

88 取一块金色黏土,压扁,再用丸棒在中间压个凹槽,在凹槽里填上白色黏土。

89 用黑色丙烯颜料给白色黏土那面画上表盘图案,再贴到蝴蝶结中间。把蝴蝶结贴在帽子上,帽子的装饰就制作完成了。

90 在领带上贴上金色的小五角星和小月亮,在脖子中间插上铁丝,之后在脖子处抹上一些502胶水,再把脑袋插到铁丝上,人物整体就完成了!

 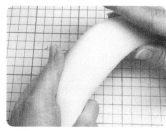

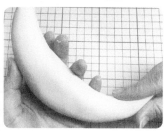 

91 取银色黏土搓出图上的香蕉状,再压平一些,中间粗两边细,调节好弧度。调整形状,把两边捏尖。

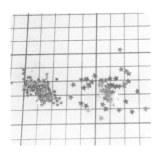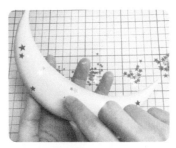

92 取一些小星星亮片，把小星星亮片散落地贴在月亮上。装饰底座与魔法少年连接到一起，魔法少年就制作完成了！

绘月访谈屋

问 可喜可贺，沾沾老师人生中的第一本书终于出版了，此时此刻老师有什么想说的么？（递话筒）

答 终于生出来了，制作过程中经历了太多纠结，在大家看不到的地方也有很多返工，最后顺利完工，真是太不容易了（泪）。这本书制作得很用心，希望大家能喜欢！

问 沾沾做黏土也有一些年头了，我们也通过这么多案例看到了制作黏土手办是一件特别花费时间的事，想知道这么多年来让沾沾能一直坚持下去的原因是什么？

答 单身（不是），是热爱吧！是晚上做梦梦到自己死了，想到的第一件事是从此不能玩泥巴，就哭出了声的那种热爱。当然坚持下去也是希望有一天足够强大，能去做本命的黏土。

问 沾沾觉得制作黏土，最难的地方在哪里呢？

答 神态的还原，要做得像原本的人物神态真的好难……

问 在制作头部的过程中我发现沾沾老师选择的都是手绘五官，我记得黏土手办是可以通过贴素材眼睛的方式实现相同的效果，为什么沾沾会选择手绘呢，不怕画坏了吗？

答 制作的角色很少有合适的水印贴，而且水印贴有点假，不如手绘的质感好。画得差也不怕，多练练就会进步了！

问 沾沾做黏土手办这么久，有发现什么事情是只有真的制作了这么长时间黏土手办才能够体会到的吗？

答 美术基础真的很重要！虽然没有美术基础也能做得有模有样，但是很快就碰到了"天花板"，于是只能去增强美术基础方面的知识。

问 在不考虑现实因素的情况下，沾沾最期待的未来是怎样的？

答 能随心所欲地制作出自己想做的作品，当然，希望颈椎和腰椎能支撑到自己老的那一天。

正在退出